新觀點
新思維
新眼界

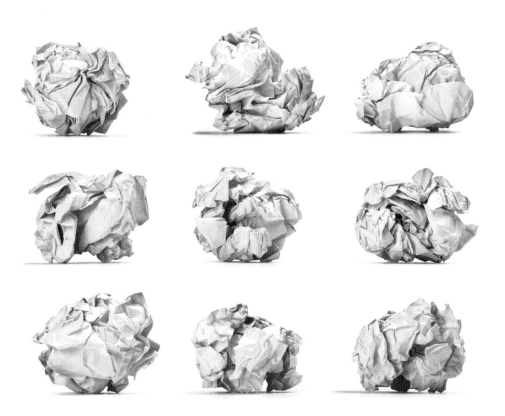

關於工作的 9 大謊言

NINE LIES ABOUT WORK

A [∨] Leader's Guide to the Real World
Freethinking

馬克斯‧巴金漢 Marcus Buckingham

艾希利‧古德 Ashley Goodall ——— 著

李芳齡——— 譯

謹將本書獻給 Chris 和 Graeme，
他們教我們要先從可知事物開始

目錄

前言

打破謊言，
面對真實的工作世界

> 使你陷入麻煩的，不是你不知道的東西，而是你
> 確知、但其實並不正確的東西。[*]
>
> —— 馬克‧吐溫（Mark Twain）

下列是本書兩位作者的素描。

馬克斯是個資料技客，喜愛鑽研如何衡量無法量化的東西，例如性格、績效、員工敬業度等，他的職涯有不少時間在蓋洛普組織（Gallup Organization）做這些事。後來，他創立了一家教練與軟體公司，幫助人們在工作上有最佳表現。現在，馬克斯在人力資源管理公司ADP研究

---

[*] 諷刺的是，我們確知、但其實並不正確的一件事是：這句話通常被指為出自馬克‧吐溫，但其實沒人可以確定它究竟出自何人。這個例子正好可以再次提醒我們，錯誤認知的危險。

機構（ADP Research Institute）領導研究與調查所有和人員與績效有關的主題。他是移居美國的英國人。

艾希利任職的都是大公司。早年從事音樂廳音響設計工作一段時日後，他決定轉換職涯跑道，投入於幫助德勤（Deloitte）和思科系統（Cisco Systems）之類的公司，協助旗下員工發揮最大貢獻。艾希利喜歡把每個創新概念拿來在職場的雜亂現實中進行壓力測試，他目前對14萬名思科系統公司員工和世界各地的承包商做這件事。他也是移居美國的英國人。

幾年前，《哈佛商業評論》請我們結合馬克斯的可靠資料角度和艾希利的真實世界領導人角度，針對一向不受歡迎的例行績效評估這項主題，撰寫一篇文章分析如何才能做到有效、可靠、且令人信服。這篇文章直率地咒罵現有實務，引發這個領域的大騷動，以至於《哈佛商業評論》再度找上我們，問我們能否把相同嚴謹且務實的方法應用於整個職場上，我們說可以，於是誕生了你手上的這本書。

我們從一個弔詭現象著手撰寫這本書：為何有這麼多職場信以為真的觀念和實務，最終卻令主責人員深受挫折而厭惡？舉例來說，為何大家普遍相信，調整、評量我們的工作的最佳方法，就是具有從上而下、層層下推的目標？但實際上，我們這些在前線工作的人，卻覺得年度目標訂定流程繁冗、無意義，跟實際工作沒什麼關連性。為

何大家普遍相信，你需要批評性質的反饋意見？但在真實世界裡，絕大多數的人對這種反饋意見表現出反向心態──我們喜歡給他人這種反饋意見，卻不喜歡收到這種反饋意見。為何大家普遍相信，經理人應該能夠可靠評量員工的績效，但在真實世界中，沒人遇過完全客觀的團隊領導人？為何大家普遍相信，最卓越的領導人全都具有我們渴望獲得的一系列特質，但在職場日常中，卻從未有人遇過具有這些特質的領導人？

　　這個弔詭現象引領出本書的核心思想、勾勒出本書的讀者群，這個核心思想是：**現今職場充滿了深刻錯誤的制度、流程、工具與假設，抑制了我們每個人在工作中展現自我獨特性的能力。**從各種工作場所蒐集到的資料支持了這點，全球工作者的敬業度相當低，表示自己完全投入工作的人不到20％（參見附錄A）。全球的生產力成長率自1970年代中期以後下滑，經濟學家探索原因後指出：「過去推升生產力的技術進步和管理策略已經充分實行了，不再對生產力的提升有所貢獻。」[1]換言之，不論我們現在採行什麼實務，都不再對我們的生產力有多少提振作用。

　　到了現在，這些實務已經太普遍且根深蒂固，以至於很難看出它們的真實面貌。這其中有一些是被視為必要、但實際上十分惱人的實務，很多大組織採行了，就一路用了下來；但也有一些是公司管理階層堅信有效，強加在我們身上的實務。無論何者，這些構成了應用在我們身上近

乎所有職場實務的背景與理由，包含我們如何被挑選及分派職務，我們如何被評量、訓練、獎酬、晉升或遭到解雇。

可是，更詳究後就會發現，這些實務根本沒有道理。我們可以稱它們為「錯誤觀念」、「迷思」或「誤解」，但因為它們被強推落實在我們身上，彷彿要將我們推離真實世界，我們兩個決定將這些迷思稱為「謊言」。

打破職場9大謊言，做真正有效的事

本書探討其中九個謊言，誠如畢卡索所言：「創造之前，必先破壞」，在建立堅實且適合團隊的管理概念與實務之前，我們必須先解析每一個謊言，釐清它是如何在一小群案例中開始被視為真理，進而散播成適用於所有案例的謊言，然後發掘隱藏在背後的更廣大真相。

前三章探索為何公司堅決落實組織文化、計畫與目標，並且揭示了團結所有人員的更好方法。第4～7章分別探討人性的一個特定層面，剖析在每個人如此顯著、恆久迥異的情況下，該怎麼做才能讓自己和其他同事保持最佳成長。第8章質疑為何「工作與生活平衡」是每個人的理想狀態，並且提出非常不同的志向。第9章探討我們對「領導」的敬畏，打開了一扇新的視窗，看看當身為追隨者的我們，在熱情支持某個人的願景時是怎樣的面貌。

閱讀本書，你會發現，這9大謊言之所以能夠扎根，是因為滿足了組織的控管需要。大型組織十分複雜，領導

人有強烈本能尋求簡單與秩序，這點很容易理解，尤其這樣做更容易說服他們自己和所有利害關係人相信，大家正朝著正確的目標前進。但是，追求簡單很容易變質為追求服從，過不了多久，這種服從可能就會消滅個性；在不知不覺中，每個人的特殊才能和興趣被視為麻煩，組織認為員工基本上是可替換的。

這正是為何身為員工的你會被告知：組織文化是一體的；員工必須遵守公司策略；同仁們的工作內容應該根據組織層層下推的目標適時調整；員工最好可以養成多才多藝，而且要經常對他們提供反饋意見，直到他們變得多才多藝；此外，每個人必須「依照規範」評量其他人，使大家最符合組織訂定的領導力、績效與潛能模範。

你將會看到，**對抗這些謊言的最強大力量，正是我們在人生中追求善用的力量，那就是我們每個人獨特的能力** —— 人性的真正力量，在於每個人天生具有獨特性，透過工作展現獨特天性，是一種愛的行為。

一開始，我們想像這本書的讀者，是第一次領導團隊的人 —— 整個世界閃耀著榮光、但充滿挑戰的人，想要率領團隊達成非凡成就，幫助團隊成員發揮潛能，成為團隊成員津津樂道多年的那種領導人。我們想像，閱讀這本書的領導人追求的是：幫助所有團隊成員發揮最大價值；讓每個似乎擁有個人目標的團隊成員全都能夠聚焦；協助防止他們犯下傷害團隊的錯誤，但同時保有讓他們能夠實

驗、學習的空間;能夠「公正」評估團隊成員的績效,在這麼做的同時,仍和他們保持真誠、關懷的關係;而且在努力做到前述這一切的同時,仍然能夠忠實地做自己。我們想像,領導人在努力嘗試做到這些的同時,會被我們確知根本不實的9大謊言困惑、阻礙。

不過,在撰寫各章之際,我們意識到讀者的面貌可能更加多元化;我們認知到,這本書並非只是為了新手團隊領導人而寫的,而是為了所有被組織施加的控管及統一措施搞到氣餒的領導人而寫的 —— 儘管這些措施有時意圖良善。因此,我們不再認為本書的讀者是新手領導人,而應該是自由思想的領導人(正如英文副書名所寫),不是將每個人的怪異獨特性視為應該磨平的缺點,而是視為值得契合利用的混合元素,是打造健康、有道德、繁榮發展組織的原料。自由思想的領導人拒絕教條,尋求證據;重視明顯可見的模式,勝過盲目接受傳統智慧之見;他們振奮於團隊的力量,並且信賴探索而得的發現,而非盲從任何理念;最重要的是,他們知道,為了創造更美好的明天,唯一的途徑便是有勇氣與智慧正視今日的事實。

如果你覺得前述這些描述聽起來和你很像,那麼你就是一位自由思想的領導人。當然,我們肯定不認識你,但是在過去六個月,我們設想了很多關於你的東西 —— 你可能是誰、有什麼樣的感覺、需要哪些發展建議等,這本書是為你而寫的。

謊言#1

人們在意他們為哪家公司工作

　　麗莎從事企業傳播與行銷工作超過二十年，有一天，我們跟她聊聊她近期的工作體驗，我們每年都會跟許多工作者進行類似這樣的談話。麗莎告訴我們，她不久前從A公司離職，轉往B公司，後來又返回A公司，我們想了解更多，下列是我們的談話內容。

馬克斯與艾希利： 妳為何離開工作了十數年的A公司？

麗莎： 我在A公司原本的主要工作，是為顧客和事業夥伴舉辦大型活動，後來改做比較偏向行銷的工作。但我發現，我在行銷工作上不是很有創意，原先負責辦活動的職務已經有人了，我回不去，但我想再做辦活動的工作，所以只能找找看別家公司的職缺。

我們： 因為這樣，妳才考慮轉往B公司的嗎？

麗莎： 是的。而且，在A公司也待了這麼多年，我想試試

新東西，新的環境。

我們： 在考慮是否轉往B公司時，妳最重要的考量層面是什麼？

麗莎： 品牌——這間公司是不是一家在市場具有領先地位的知名品牌公司；這間公司的創新程度與速度；我能否在這裡做一點新東西出來；工作地點，以及能否讓我遠距工作；公司環境是不是很酷；我能夠學到新東西嗎？公司是否允許我嘗試新東西？我記得，這些都是我當時考慮的一些層面。

我們： 妳如何評估呢？

麗莎： 當然是透過面試，不過，我事先也做了研究。我花了半年時間在谷歌和玻璃門求職網（Glassdoor.com）研究這間公司和這個職缺，花了兩個月的時間準備面試；在此同時，還盡我所能找更多人相談。

我們： 妳最後得出什麼結論？

麗莎： 我想，B公司或許不是個完美的地方，但它符合我的期望的層面已經夠多，足夠讓我感到心安，可以轉進該公司。

我們： 那麼，妳在B公司待了多久呢？

麗莎： 兩年。

我們： 妳在A公司待了十八年，轉往B公司，是否預期會在那裡待上比兩年更長的時間？

麗莎： 當然。

我們：那麼，為何只在那裡待了兩年？而且，妳之前已經那麼詳細研究過這間公司和工作了，發生什麼事？

麗莎：問題出在我和我的經理相處之後。當然，在面試時，我已經和她見過面。當時，我也覺得有點不舒服，但實際開始工作之後，我才看到她的真面貌，問題就開始一一浮現了。

我們：面試時，哪些地方使妳感覺不舒服？

麗莎：她的風格令我覺得嚴肅、一板一眼的，有點高高在上的樣子。但我當時以為，那只是她對外的嚴肅表情而已，等到我加入她的團隊之後就會不同了，但我想錯了。

我們：妳何時發現的？

麗莎：就職後的第十三天。

我們：第十三天？妳怎麼能夠記得這麼精準？

麗莎：我寫在行事曆中了。我在任職 B 公司時，所有重要的日子，我都會記錄下來，這是我記錄辛苦體驗的方式。第十三天，我和我的經理以及另一位更高階的主管一起開會，那位高階主管問我一個有關飯店訂房簡單問題的看法，我回答了，我的經理的表情看起來滿震驚的。會議一結束，她把我帶到一旁說：「在這間公司，我們不會和高階主管分享這種事情，下次先問過我。」從那時開始，她就對我微管理。我發現，不論是對上司的想法，或是在管理

她的團隊方面，她都是事事擔心、處處害怕。

我們：妳的行事曆上，還有記下其他的日子嗎？

麗莎：第十五天時，我在行事曆上寫下滿兩年那天「『可能』是我在B公司的最後一天」，滿四年那天「是我在B公司的最後一天」。

我們：唉⋯⋯我們確認一下，妳花了多個月研究一家公司，進行了七次面試，每次都細心準備了要提問的問題，幫助妳了解這間公司和這份工作是否適合妳，結果妳才工作了兩週就決定要離開，還設定了一個時間軸，對吧？

麗莎：是的，做了十五天，我就知道這不是我的久留之地。

我們：主要是因為妳的經理，以及她的作風？

麗莎：對，而且，不只是我的經理，其他主管似乎也是怕東怕西的。

我們：妳在B公司時，他們有告訴妳公司的核心價值觀、領導準則，或諸如此類的東西嗎？

麗莎：有！在新進人員講習時，他們給了我一疊文件，我興奮極了！

我們：為啥興奮？

麗莎：我看了那些內容，心想「真棒！」我特別記得其中一點，講的是歧見和盡忠，說你若不認同其他人的意見，希望你能夠勇敢說出來，然後就全心全意貫徹最終決策。我感到很興奮，認為這會營造一個很

好的工作環境，但我開始工作之後，我發現……
這些根本不是事實，實際情況比這還糟，有些人用
這些作惡。

我們：「作惡」？

麗莎：是呀！他們拿領導準則為自己的差勁行為合理化，
　　　　例如，他們想讓意見不同的人閉嘴時，就說現在該
　　　　是盡忠於他們想走的方向的時候了！這完全和原來
　　　　的理念背道而馳嘛。

我們：所以，妳很快就決定找方法回去 A 公司，對吧？

麗莎：對。

我們：有鑒於妳和 B 公司這個經驗，妳在尋找下一個工作
　　　　時，最重要的考量是什麼？

麗莎：三樣東西 —— 文化、領導，以及我的工作內容。

我們：妳所謂的「文化」，指的是什麼？

麗莎：就是關於行為的信條。我認為，文化就像一個家庭
　　　　的信條，亦即我們在這個家庭如何運作、如何對待
　　　　彼此。

我們：妳可以用一些形容詞描繪 A 公司的文化嗎？

麗莎：我想想看……嗯……包容、合作、親切、寬宏、
　　　　信任、公平、支持。我認為，這間公司的高階領導
　　　　人，是有道德領導的好人。

我們：在妳的經驗中，這些特質在 A 公司普遍一致嗎？

麗莎：我想，我滿幸運的，我工作的團隊都呈現這些特

質。但我知道有人沒有這麼幸運，沒能遇上這些。

我們：妳如何解釋？

麗莎：在我看來，這取決於每個團隊領導人是否信奉公司
文化，他們是否了解和信服公司文化，若是，那你
就比較幸運；若不是，那你的運氣就比較不好。

企業文化非常重要，但員工真的在乎嗎？

從外部來看，可能很難看出在某間公司工作的真實情
形，若你正在找工作，你可能跟麗莎一樣，先在線上查詢
資訊，也許是在求職網，或是其他職場論壇上，或者你會
問朋友任職過什麼公司、有過什麼樣的體驗。

你可能會嘗試找某家公司的招聘人員談談，不過，若
你還不確定要不要應徵這家公司的工作，這種做法得審慎
為之。你也可能閱讀有關這家公司的報導，但這大概幫不
了你什麼，因為這類文章往往比較側重公司的產品或策
略，而非公司文化。不論訴諸什麼資訊管道，你都會懷疑
你查到的資訊是否確實描繪了這間公司，是否能夠幫助你
了解這間公司的真實內情。為了尋求客觀性與廣度，你可
能會去查詢《財星》（*Fortune*）雜誌每年評選的「百大最
佳雇主」。

《財星》雜誌每年一月公布這項排行榜，每年的這一
期是最多人閱讀的雜誌期刊之一。這項排行榜根據的是：
對每家公司的員工進行匿名式問卷調查 —— 稱為「信任

指數」（Trust Index），以及每家公司提交一份報告，說明它如何投資員工、為員工提供什麼 —— 稱為「文化稽核」（Culture Audit）。《財星》雜誌的編輯群和卓越職場研究所（Great Place to Work Institute）的分析師們使用這些資料，評比出一份該年度最佳雇主名單，說明這些公司提供的種種福利，並且提供現任員工的簡要證詞。

2018年的前六名最佳雇主，依序是Salesforce.com、韋格曼斯連鎖超市（Wegmans）、Ultimate Software、波士頓顧問公司（Boston Consulting Group）、恆達理財（Edward Jones）、金普頓酒店（Kimpton Hotels），獲選理由從務實的員工福利（例如員工推薦獎金；在工作忙碌時期發給員工星巴克禮券；在公司提供托兒服務），到高尚的企業行為（例如提供價值數百萬美元的良心剩食給飢餓者；建造環保的辦公室；總是先嘗試拔擢內部員工），到奇特的實務（例如Salesforce.com在各地的辦公大樓開闢了一整個名為「Ohana Floor」的樓層，「ohana」是夏威夷語「家庭」的意思；金普頓酒店則對每個新進員工提供一份「新人歡迎禮」，內含每個人喜歡的零食。）

若你正在找工作，閱讀了《財星》雜誌這項排行榜，想要更了解特定一家公司，知道自己若進入這家公司工作，未來的同事會是什麼模樣？他們將如何對待你？典型的一天工作情形可能會是如何？你的工作可能有趣、富挑戰性、被看重嗎？這是一家真正關懷員工的公司嗎？若你

歷經冗長的應徵、面試與磋商流程，最終獲得了這間公司的工作，公司對你和你的職涯發展的心力投入程度，會如同你對公司的心力投入程度嗎？

這類排行榜究竟評量了公司的什麼東西呢？閱讀它們提交給評審委員會的報告、新聞稿，以及《財星》雜誌本身對榮登排行榜的公司的描述，你看到的就是「文化」。Salesforce.com有「家庭文化」，因此開闢了Ohana Floors；韋格曼斯連鎖超市的文化源於該公司的使命：「透過食物，幫助人們過更健康、更好的生活」；金普頓酒店有「包容文化」。看起來，這些公司都知道自己想要打造出什麼樣的企業文化，也因為堅定、有成效地實踐，因而入選最佳雇主排行榜。從諸如此類的例子看來，這個名為「文化」的東西真的很重要，可能比公司的營運內容和方法更重要 —— 管理大師彼得・杜拉克（Peter Drucker）說過：「企業文化把策略當早餐吃」（Culture eats strategy for breakfast），亦即企業文化左右企業的策略與成敗，比員工的薪酬優渥與否更重要，甚至比公司目前的股價還重要。

根據這個主題的大量文獻，企業文化之所以重要，是因為文化能夠作出三大貢獻。一、企業文化告訴你，在工作上的你是誰。若你是巴塔哥尼亞（Patagonia）戶外服飾與裝備公司的員工，你可能熱愛衝浪，工作地點是景色優美的加州奧斯納市（Oxnard），入職流程包含一整天的海

灘派對，你將獲得一本公司執行長撰寫的自傳《越環保，越賺錢，員工越幸福！》（*Let My People Go Surfing*），你和同事的第一次會議，是在海灘上圍繞著營火開的。若你是高盛集團（Goldman Sachs）的員工，那就別管衝浪了！你會忙於求勝，天天穿著訂製西服，因為你是贏家。你任職於德勤公司，或蘋果公司，或福來雞（Chick-fil-A）速食連鎖店，都有其特定含義，這個含義在一定程度上描繪你、區別你，定義你屬於什麼群體。

二、企業文化影響我們選擇如何解釋成功。特斯拉（Tesla）的股價在2017年初上漲時，並不是因為人們終於取得他們在一年前預訂的電動車——他們並未取得，而是因為伊隆·馬斯克（Elon Musk）打造出一種酷炫文化，這是一個你甚至看不到尖端的地方，因為尖端落後你和這個地方太多了。豐田（Toyota）必須召回超過六百萬輛汽車時，直接原因是排檔桿的組裝有問題，但我們得出的更深層解釋是，這個問題跟該公司客氣、但不惜一切代價取勝的企業文化有關。

三、企業文化現在成為我們希望公司如何發展的一種口號。近乎一夕之間，企業高階領導人的職務說明，有一大部分已經變成創造某種企業文化，例如績效文化、反饋文化、包容文化或創新文化，藉由灌輸影響員工行為的特質，以形塑公司的方向。企業文化不再只是解釋現在，它已經變成我們對未來的操縱。[1]

身為團隊領導人，你將被一再告知，必須仔細考慮、評估這些，因為你有責任體現你們公司的文化，建立遵從這些文化規範的團隊。公司將要求你只挑選那些和公司文化適配的應徵者，辨識他們是否具有體現公司文化的高潛力，以符合公司文化的方式主持會議，在公司外部舉行異地會議（offsite meeting）時，願意穿著T恤大聲唱歌。

這一切都沒問題，直到你開始納悶，究竟你該為哪些東西當責？再次看看《財星》雜誌的排行榜和說明，你會發現一項事實：這些關於公司的描述，只有很小一部分出現在職務說明裡。公司內部設有托兒所；所有員工都有20%的工作時間，可以投入自己感興趣的計畫；員工推薦一名新進人員，被公司錄用的話，將可獲得一大筆獎金；在公司建物屋頂上安裝太陽能板等，這些全都是很好的方案，但沒有一項是你能掌控的，它們是別人 —— 高階主管委員會或董事會 —— 決定的。雖然你可能覺得這些都是好方案，認為它們對世界有所貢獻，因此引以為傲，但你無法左右它們。而且，這些跟你的日常工作計畫與截止日期，你在職場上的行為與互動等，沒什麼關連性。

每當有人問你，在你們公司工作的實際情形如何時，你馬上知道你要跟他們說的，不是你們公司安裝的太陽能板或員工餐廳，而是實際的工作情形。你會認真談論：你們公司如何分配工作；是不是很多經理有所偏心；如何化解爭議；是否總是在正式會議結束後，才會開始實質討

論；員工如何獲得升遷；各團隊的職責是否清楚劃分；高階領導人和其他員工的權力差距有多大；好消息或壞消息的傳播速度哪個最快；員工獲得肯定的程度如何；最被看重的是績效或政治。你會仔細談論公司實際的工作執行情形，試著梳理、描繪同仁的實際感覺。

你不知道該不該稱此為「文化」，就如同你未必知道如何為這些實際細節貼上標籤，但你非常清楚，這些實際細節將決定員工必須多賣力工作，也會決定他們將留任公司多久。這些實際的東西，才是他們真正關切的，其實你真正關切的，也就是這些實際的東西。

因此，身為團隊領導人，你最迫切的問題應該是：若我要幫助團隊成員盡可能長久發揮最大價值、開啟潛能，在前述這些細節中，哪些最重要？告訴我最重要的是哪些，我將盡我最大努力重視它們。

我們花了過去二十年的時間，嘗試解答這個疑問，在接下來幾頁和本書後續章節，我們會做相關討論，提出一些觀察和方法，告訴你應該關注哪些最重要的事。

為此，**我們要揭穿的第一個謊言就是：人們在意他們為哪家公司工作。**這句話直覺聽來違背常理，我們每個人確實感覺自己和服務的公司有某種關連性啊？請繼續讀下去，你將會了解到，雖然我們關切的東西，一開始可能是「公司」，但很快就會變成其他非常不同的東西。

高效能團隊的8大員工特質

　　量化分析免不了質的探索，所以我們在思科系統波蘭克拉科夫市（Krakow）的辦公室，花了幾個小時的時間，對一組團隊進行研究調查。我們想探索他們的工作體驗，以及團隊運作的情形。這組團隊大約有十五人，從事各種支援思科系統客戶的工作。我們問他們經常做的 —— 每天、每週、每月或每季 —— 對他們而言重要的事，其中三人回答時談到午餐：我們總是帶便當來工作，不是去員工餐廳；有個戶外用餐露臺，不論當天發生什麼事，我們總是一起在那裡吃午餐，有時邊吃邊聊工作，有時會聊工作以外的事，我們天天這麼做。

　　稍後，我們看到了這十五人團隊的工作場所（起初的交談是在一間會議室進行的），他們在一長排的工作站上作業，彼此有隔板隔開。總是在一起吃午餐的那三位，把我們拉到一旁，指著工作站幾呎外一個不顯眼的地方說：「那裡，就是我們『喬事情』的地方！」我們問是什麼意思？他們說，當發生什麼事情，他們決定需要交談時，就會離開他們的工作站，在那裡商量該怎麼做。

　　這是一個十五人的團隊，在真實世界做實質工作；這個團隊中有一個三人的子團隊，在真實世界做實質工作。這三個人每天一起吃午餐，有一種快速打破固定安排、共同解決問題的方式，這有可能是因為他們總是一起吃午

餐，也可能並非這個原因。

這十五人團隊中的三人團隊「文化」是什麼？跟十五人團隊「文化」不同嗎？若不同，有何不同？誰知道？我們只知道，這三人子團隊和十五人團隊的生產力都極高，而且高度敬業。回到加州聖荷西思科系統的總部，公司執行長查克・羅賓斯（Chuck Robbins）盡所能致力打造熱情、敬業的工作群，但是他離這些團隊面對的日常現實很遠，隔了許多組織層級；他也知道，他在中央能夠控管的東西有限，只能期望鼓勵這些遍布在各地各層級的團隊和子團隊，能夠打造出使所有團隊成員發揮最大價值的工作體驗。

那麼，羅賓斯應該要求他們聚焦什麼事物？人們的工作體驗中，最重要的層面是什麼呢？

我們想出嚴謹回答這個問題的方法：首先，召集兩組人，一組人來自高效能團隊，具有高生產力、高創新力、高顧客滿意度、低自願離職率、低損失工作日，看公司或事業單位如何定義「效能」；另一組人來自低效能或效能水準一般的團隊。

然後，我們開始問這兩組人，在他們的團隊裡工作是什麼模樣，我們問了非常多的問題，問兩組人的問題都一樣，再從中找出高效能團隊表示強烈贊同，但中低效能團隊不贊同的陳述。這麼做的目的是，透過高效能團隊的看法，發掘這些團隊的特性。

過去幾年，我們在許多公司重複做這項研究數百次，聚焦於最能明顯區別最佳團隊不同於其他團隊的那些詢問。蓋洛普在 1990 年代末期，開創了員工敬業度調查研究，最終辨識出 12 項影響員工敬業度的條件，此後 CEB 公司（CEB, Inc.）、光輝國際（Korn Ferry）、肯尼薩（Kenexa）等公司，加入這個領域的調查研究行列，增進我們對員工敬業度的了解與知識，提供評估員工敬業度最可靠、最確實的方法。我們的研究以既有研究為基礎，再進一步探索（任何健全的研究都應該這麼做，畢竟研究發現都是暫時性的），最終我們辨識出，高效能團隊只有一些顯著不同的員工體驗層面。這八個層面 —— 這八道確切陳述的題目（參見附錄 A），可以有效預測一貫的團隊效能：

1. 我對我們公司的使命十分熱情。
2. 在工作上，我清楚了解組織對我的期望。
3. 在我的團隊裡，大家和我具有相同的價值觀。
4. 我有機會在每天的工作中發揮長處。
5. 我支持我的隊友。
6. 我知道我的優異工作表現將會獲得賞識。
7. 我對公司前景充滿信心。
8. 在我的工作中，我總是獲得挑戰持續成長。

你可能馬上注意到幾點。第一，團隊成員並沒有直接評量主管或公司，只評量自己的感覺和體驗。這是因為如

同我們將在第6章看到的，人們無法可靠地評量他人，我們這件事做得奇差無比。當我們要求某甲去評價某乙的抽象特質，例如同理心、是否具有遠見，或策略思考的能力等，某甲的回答通常讓我們更能了解某甲，而非了解某乙。想要獲得更好、更準確的資料，我們必須詢問人們有關他們本身的體驗。

第二，你可能也注意到，這八道題目可區分為兩類，第一類是奇數題：

1. 我對我們公司的使命十分熱情。

3. 在我的團隊裡，大家和我具有相同的價值觀。

5. 我支持我的隊友。

7. 我對公司前景充滿信心。

這些題目關乎個人和團隊其他人互動的體驗，或者你可以說，這是工作中的社群體驗。集合成一支團隊或一家公司，我們的共通點是什麼？我們可以把這些想成是「最好的我們」（Best of We）的提問。

第二類是偶數題：

2. 在工作上，我清楚了解組織對我的期望。

4. 我有機會在每天的工作中發揮長處。

6. 我知道我的優異工作表現將會獲得賞識。

8. 在我的工作中，我總是獲得挑戰持續成長。

這些題目關乎個人的工作體驗：我有什麼特點？我有什麼價值？我是否感覺被挑戰追求成長？我們可以把這些

想成是「最好的我」（Best of Me）的提問。

「最好的我們」和「最好的我」這兩種類別的體驗，是我們在工作上獲致成功所需要的體驗。它們十分明確，是可以可靠衡量的體驗；它們是個人的體驗；它們是局部的個人體驗和局部的集體體驗的交織；它們是日常體驗。想想波蘭那支三人小團隊，雖然我們可能不知道它的「文化」是什麼，但我們知道，一起吃午餐和「喬事情」，使團隊成員感覺到隊友的支持；他們對於何謂卓越有共同理解；他們被期望要經常作出最佳表現；他們彼此要求把事情做對等。我們從這八道題目中，看出了一種衡量工作體驗的簡單方法，這是身為團隊領導人的你可以下工夫的地方。

二十多年來，我們對無數團隊和領導人的研究，使我們獲得了一項洞見：**最頂尖的團隊領導人和其他領導人的區別，在於他們能夠滿足團隊成員對這兩類體驗的需求。**身為團隊成員，我們首先希望團隊領導人能使我們感覺自己屬於更大群體的一部分，能夠認知並感受到大家一起做的事情是重要、有意義的；其次，我們希望能以個體的方式，獲得認同、適性對待、關懷與挑戰。我們希望在你營造全體感的同時，也能認同我們每個人的獨特性；在你擴大所有人的共通價值時，也能重視每個人的特色。身為團隊領導人，你的卓越是因為你成功整合了這兩種相當有別的人類需求。

在本書，我們將探討最頂尖的領導人如何做到這件

事 —— 他們注意什麼、如何與周遭的人互動。同時，我們將更詳細探討這八個層面，進一步了解我們在工作中被告知的謊言，如何與這八個重要層面明顯相背。

比在哪家公司工作更重要的是……

不過，先回頭談談第一個謊言：人們在意他們為哪家公司工作。

現在，我們已經知道，前述的八道題目確切衡量了我們的工作體驗中最重要的層面，就是這些層面左右了員工的工作績效、自願離職率、損失工作日、工作上的意外、顧客滿意度等。若是人們的工作體驗，很大程度取決於他們為哪家公司工作，那麼當我們詢問某間公司每支團隊的每個員工這八道題目時，理應獲得大致相同的回答。所有團隊對這八道題目的回答不應相差太多，因為在同一間公司的日常工作體驗應該大致上一致。

但我們的調查結果並非如此，事實上，從來就不是如此。統計學中，最大值和最小值之間的差距稱為「全距」（range）；我們發現，一間公司員工對這些題目的評分的全距，總是大於不同公司之間的得分全距；也就是說，同一間公司員工工作體驗的差異程度，比不同公司員工工作體驗的差異程度還要高。

思科系統的5,983支團隊，回答了前述第二道題目：「在工作上，我清楚了解組織對我的期望」，評分統計如

圖表1-1。這是一道很基本的題目,若你在企業組織工作了滿長的時間,你應該知道,組織通常會投入很多精力溝通策略、計畫、優先順序、主題、重要的行動方案、事業要務等,思科系統當然也不例外。儘管有這種種的努力,近六千支團隊在清楚了解組織對它們的期望方面,感受卻是差別甚大。而且,在我們調查的每家公司內部,都存在這種團隊之間的差異性。

圖表1-2則是北卡羅來納州使命醫療體系公司(Mission Health)1,002支團隊回答第七道題目:「我對公司前景充滿信心」的評分統計。如果有任何一道題目的評分差異程度,應該是公司之間的差異程度,大於同一間公司不同團隊的差異程度,那必定是這道題目了,畢竟一間公司理當只有一種前景展望,不論你屬於哪支團隊,這種前景展望應該都相同才對。但事實顯然並非如此,在同一間公司不同團隊的員工回答這道題目的評分明顯不同;也就是說,不同團隊對公司前景的信心程度並不一樣。

在八道題目的回答上,我們都看到了類似的型態;我們看到,當聚焦於人們工作體驗的重要層面時,公司內部各團隊的體驗差異程度,大於各間公司的體驗差異程度。因此,任何基於「同一間公司員工的體驗是一致的」這種假設的觀念,例如有關企業文化的觀念,都站不住腳。任何基於「員工體驗將因公司而異」這種假設的觀念,再次以企業文化的觀念為例,也都不完善,因為調查顯示,同

圖表 1-1　**團隊對組織期望的清楚程度**

團隊回答「在工作上,我清楚了解組織對我的期望」的評分

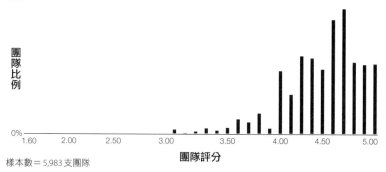

樣本數＝ 5,983 支團隊

圖表 1-2　**團隊對公司前景的信心程度**

團隊回答「我對公司前景充滿信心」的評分

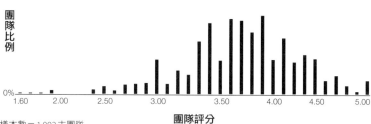

樣本數＝ 1,002 支團隊

一間公司員工的體驗差異程度,大於不同公司員工的體驗差異程度。任何基於以公司來概括定義員工工作體驗的假設的觀念,還是以企業文化的觀念為例,根本就不正確。

局部體驗 —— 我們和身旁同事的互動,每天一起到露臺吃午餐的夥伴,發生問題會一起「喬事情」的戰友等,明顯比公司本身更重要,至少研究調查的結果是這麼告訴我們的。

再者,如果我們最在意的是為哪家公司工作的話,那麼我們在團隊裡的工作體驗,應該和我們選擇在哪家公司工作沒關係吧?因為選擇在哪家公司工作,比隸屬於公司哪支團隊更重要嘛!但是,每當我們進行調查分析時,總是發現,在這些題目上評分低的團隊,團隊成員明顯更可能離開公司。舉例而言,在思科系統,我們看到,當員工在所屬團隊的工作體驗評分,從全公司的前50%滑落至全公司的後50%時,他們離開這間公司的可能性便提高了45%。

當人們選擇從「某處」離職時,這個「某處」不是指公司,而是指公司的某個團隊。若你任職於一家壞公司的好團隊,你往往會繼續留下來;若你任職於一家好公司的壞團隊,你不會待太久。團隊是左右你的工作體驗的太陽、月亮、星星,誠如愛爾蘭裔英國作家暨哲學家艾德蒙・柏克(Edmund Burke)在1790年時所言:「愛我們在社會中所屬的小群體,是公眾情感的第一個根源。」[2]

　　我們仔細檢視調查所得的資料的型態和差異性，得出了下列結論：**人們或許在意自己在哪家公司工作，一旦入職之後，他們關心的是屬於哪支團隊。**

團隊左右工作體驗

　　ADP研究機構最近對十九個國家進行有關工作者敬業度的調查 —— 什麼因素左右了工作者的敬業度，工作者的敬業度又會影響什麼？附錄A摘錄了調查研究發現，我們先在此提出你可能想知道的三項重點。第一，近乎所有工作，實際上都是團隊合作性質。在員工數超過150人的公司，82％的員工在團隊中工作，72％的員工在兩支以上的團隊中工作。縱使在員工數少於20人的小公司，這項發現也成立。在這些小公司，68％的員工說他們以團隊模式工作，49％的員工說他們在兩支以上的團隊中工作。在這項調查涵蓋的每一個國家，情況都是如此。

　　第二，若你正好是團隊工作者，你在這八個員工敬業項目中，給予高評分的可能性高出一倍，而且這種傾向延伸至多重團隊 —— 事實上，在職場上，最投入與敬業的工作者，是那些在五支不同團隊中工作的人。

　　第三，跟前文中提到的麗莎一樣，那些表示信賴團隊領導人的工作者，充分投入、高度敬業的可能性，是其他人的十二倍。

　　對身為團隊領導人的你來說，這些調查發現帶來的好

消息是：人們在工作上最關切的層面，全都是你可以掌控的。你或許不能左右公司的育嬰假政策，或是員工餐廳的品質，但你可以建立一支堅強的團隊 —— 你可以對團隊成員訂定明確的期望；讓每個團隊成員每天發揮長處；讚賞團隊的優異表現；幫助團隊成員持續成長、累積資歷；培養團隊成員對你的信賴。當然，在你的日常工作屬於「全天候」的性質下，要面面俱到，照顧到這所有的層面，有相當的困難度，但至少它們確實是你日常工作的一部分。

壞消息是，你的公司很可能會忽視這些，因此雖然你盡所能為團隊成員創造這些體驗，但你的公司可能不會要求其他團隊領導人為團隊做相同的事。公司幾乎全都忽視團隊的重要性，一項事實可以為證：絕大多數公司甚至不知道它們在任何一個時間點上有多少支團隊、誰在什麼團隊，遑論知道哪些團隊最優秀；換言之，公司在無視於團隊的情況下運作。

我們對企業文化過度強調，導致公司把責任從理當存在之處 —— 團隊領導人 —— 移除，改為聚焦於泛論。現在，你已經知道，你們公司並沒有一統文化，若你們公司的文化有什麼特色，那是無法衡量的東西，你們公司的員工調查得出的總分，只不過是許多高度差異的團隊層級調查的匯總，這些匯總掩蓋了真正重要的東西。現在，你已經知道，當一位公司執行長意圖打造一家卓越的公司，能

做的就是盡力打造出更多像公司最佳團隊那樣的團隊，而這件事必須下很大的工夫。

現在，你已經知道，有關公司文化的文章，往往只是偽裝成資料的故事 —— 一個世界、另一個世界、再一個世界的故事，生動、引人入勝、迷人、偶爾有點嚇人，但都不是事實。就像異世界納尼亞（Narnia），或中土世界，若哈比人有工作的話。

企業文化，一種虛無縹緲的存在

那麼，若最重要的工作體驗是團隊體驗，所有以文化為名的事物，是不是完全無關緊要呢？

歷史學家哈拉瑞（Yuval Noah Harari）在《人類大歷史》（Sapiens）[3] 和《人類大命運》（Homo Deus）[4] 中，探討人類贏過所有其他物種的原因，在檢視並駁斥一般的解釋之後 —— 人類並非唯一會使用工具、有語言、會研擬計畫或具有意識的物種，哈拉瑞探討有關現實的概念。「客觀現實」（objective reality）指的是不受我們的態度或感覺影響的現實：縱使你不相信地心引力，當你從窗戶跳出去時，仍舊會掉到地上。「主觀現實」（subjective reality）則是由你的態度和感覺定義：若你感覺牙痛，但牙醫告訴你，她找不出任何問題（亦即沒有客觀問題），你的牙齒還是會繼續痛下去。

但是，哈拉瑞主張，還有第三種現實，這是人類獨有

的現實，這種現實可以解釋我們人類這個物種稱霸的原因 —— 姑且不論人類稱霸是好事或壞事。有些東西之所以為真，是因為我們全都接受並相信它們是真的，它們的存在不取決於任何客觀現實，也不取決於任何個人的主觀現實，而是取決於我們集體對它們的信念。根據這個邏輯，舉例而言，金錢之所以存在，只因為我們全都接受並相信它存在。

乍聽之下，可能有人會覺得這很奇怪 —— 金錢就只是金錢嘛，不是什麼大眾信念體系，但問題是：當我們全都不再相信這些現實時，它們就不再為真。若你和所有人突然間不再相信某張紙價值10元，那麼這張紙馬上就不值10元了。2016年11月8日晚間發生於印度的一起事件，或多或少反映了這個原理，那晚印度政府宣布，某些紙鈔從翌日起將不再是法定貨幣，那些紙鈔馬上從「因為我們全都接受並相信它們是有價值的東西，故而它們是有價值的東西」，變成「因為我們當中有一些人不接受並相信它們是有價值的東西，故而它們是無價值的東西。」

哈拉瑞把這些廣泛的集體現實稱為「主觀互證的現實」（intersubjective realities），他說，我們人類物種的成就，之所以如此迥異於地球上其他物種，就是因為我們建構了這類「主觀互證的現實」，使我們得以跨越距離和時間，協調我們和那些我們可能從未謀面的人們的行動。舉例而言，我們相信「國家」這個主觀互證的現實，這樣的

共同信念促使我們和國民同胞合資建造紀念碑，或者發動戰爭。我們相信「民主」這個主觀互證的現實，所以透過選舉組成政府，並且遵守政府制定的法律。主觀互證的現實是智人（*Homo sapiens*）的特徵，猶如使智人從眾多物種脫穎而出的一種頂尖技術。

那麼，在職場上，有那些主觀互證的現實呢？「公司」這個概念就是其一，我們碰觸不到公司，公司只存在於法律領域，而法律也是一種主觀互證的現實，當我們不再接受它們存在，它們就不再存在了。一家上市公司的市值、該公司的品牌和品牌價值，以及銀行存款餘額等，這些全都是主觀互證的現實。這些全都是實用、甚至必要的東西，使我們能夠把許多人組織起來，達成複雜且持久的目的，沒有這許許多多主觀互證的現實，將不會有從我們發明「公司」以來公司生產出的種種東西。但這並不使它們成為真實事物，如同地心引力或牙痛那麼真實，或如同其他同事（你的團隊）那麼真實。

就如同「公司」這個概念不是真實事物，「公司文化」這個概念也不是真實事物，是一種實用的虛構。但這並不表示我們應該消除這樣的概念，而是我們應該小心，別誤把它當成它不代表的東西。公司文化讓我們在職場上有一個定位，它由我們彼此共享的故事構成，為「公司」這個空殼子注入生命，但問題在於，我們對故事的需求太強烈了，我們太強烈需要建構集體意義了，以至於我們想

像我們的公司與其文化能夠解釋我們的工作體驗，但其實是不能的。我們對所屬族群的認同感太強烈了，以至於難以想像公司內部的其他人，對這個族群的體驗完全不同於我們的，但這種體驗不同的情形確實存在，而且比起我們的族群故事，這些個別的團隊體驗，遠遠更加左右我們續留或離開這個族群。

光鮮亮麗，只為了吸引你的注意力

那麼，各家公司明顯不同的特色，那些你習慣賦予高度重要性的東西，又該如何看待、理解呢？巴塔哥尼亞戶外服飾與裝備公司的員工入職流程，確實明顯不同於Salesforce.com的，高盛集團員工的服裝規範，也和蘋果公司的很不一樣，這些究竟代表什麼？和真實世界的工作體驗有何不同？

這些東西是「意符」（signifiers），旨在吸引你。你在入職之後，未必在意你為哪家公司工作，但因為你確實在意你加入哪家公司，所以這些意符是設定來幫助一間公司吸引特定類型的人才，凸顯該公司認為這些特定類型的人才重視什麼。正因此，這類意符會一再出現在各公司的宣傳材料中，以及各種企業排行榜上，它們如此凸顯，是因為公司想要這樣。這些東西是光鮮亮麗的孔雀羽毛，非常炫目，它們就是被打造來吸引你的注意力的，就像孔雀開屏。所以，當你看到某間公司給每個員工20％的工作時

間做個人計畫時，或是某間公司聲稱總是優先拔擢內部員工時，請記得，這些漂亮的羽毛幾乎都是專門用來吸引你的，跟絕大多數的誘餌一樣，吸引力往往會逐漸褪色。

當然，企業文化的彩羽和真實世界的最大差別是，彩羽對你和團隊每天工作的影響性是很輕微的，畢竟它的真實功用不在於此，是一種共同的虛構，旨在吸引特定類型的人加入公司。跟所有的共同虛構一樣，當所有人集體不再相信這彩羽時，它就消失了。另一方面，團隊體驗——你們如何彼此交談、共事——將會持續大幅影響你們如何完成工作，而且不需要所有人同意相信這件事，它就是這樣；相信與否，它都真實存在。不論你們是否全都相信，或者是否全都作出相同描繪，它都會影響團隊的工作效能，影響團隊成員有多少人選擇留下來，將會繼續留多久。

會叫的狗不咬人，會咬人的狗不會叫

當你研究卓越和卓越的因素時，有隻狗是不會叫的*——其實應該說，有幾隻狗是不會叫的。「公司」不會叫，「企業

---

* 葛雷格利：「還有別的事情需要我注意的嗎？」
福爾摩斯：「注意一下狗在夜裡的奇怪狀況。」
葛雷格利：「狗在夜裡並沒有什麼異常反應啊！」
福爾摩斯：「這就是奇怪狀況。」
——節錄自亞瑟·柯南·道爾爵士（Sir Arthur Conan Doyle）所著的《福爾摩斯回憶錄》（*The Memoirs of Sherlock Holmes*）〈銀色馬〉（"The Adventure of Silver Blaze"）一案

文化的彩羽」也不會叫,會叫的東西 ── 真確、有影響的東西,昭然可見,在波蘭克拉科夫市的思科系統工作站,我們清楚看到了。

那三人子團隊共享重要工作體驗的關鍵之一,並不是一個吃午餐的地方,而是一起吃午餐的對象 ── 雖然他們可能想過,思科或許可以提供一張桌子,讓他們好好共進午餐,或是提供辦公室一角,讓他們可以好好「喬事情」。但是,若思科真的提供了這些,但抽掉他們的隊友,或是改變他們互動的方式,原先的工作體驗便消失了。對他們來說,和幾個好戰友聚攏、互動的場所,遠比思科立意良善提供的福利更為重要。**當我們研究工作如何有卓越表現時,我們清楚看見的是一群人實際通力完成工作,也就是良好的團隊合作。**因此,團隊很重要,遠比企業文化的彩羽重要多了。

團隊簡化了很多東西,幫助我們看出該聚焦什麼、該做什麼。公司文化沒有這種功效,它太抽象了。團隊讓工作變得真實,使我們每天腳踏實地執行工作,和同事互動。公司文化沒有這種功效。

還有一點,不過聽起來似乎有點矛盾,那就是團隊讓個人能夠做自己。公司文化的焦點傾向遵從一套共通的核心行為,團隊則是相反,不追求相同;為了獲得最佳發揮,團隊不追求所有成員的步伐完全一致,而是追求釋放某個成員的特長,以幫助達成團隊的共同目標。最頂尖的

團隊讓所有成員作出獨特貢獻，這是我們人類想出集合個人獨特貢獻，達成僅靠個人之力無法達成之事的最佳方法。

　　過去幾年，有關企業團隊的論述很多；遺憾的是，大多沒能抓住重點。截至目前為止，這些論述的大致方向是：我們應該關注團隊，因為工作世界裡有很多團隊。當然，這個觀念是正確的，但老實說，這又不是什麼新聞。在種種通訊和資訊新技術的發展下，現在的團隊比以往能夠更加跨地區、跨時區、跨組織單位地匯集與合作，但是比以往有更多團隊和更多不同類型的團隊，這個事實並不是什麼重要之事；重要的是，只有在團隊裡，我們才能在工作上展現出個人獨特性，發揮個人最大價值、作出貢獻。

　　可以說，本書後續章節就是要討論這點，為了看清楚真實工作世界的樣貌，我們必須放下企業文化彩羽的觀念；唯有如此，關於團隊的真相才能安靜有力地從陰暗處浮現出來。如此一來，我們便能看到企業文化觀念的最大問題 —— 它其實不能幫助我們了解在工作上應該多做些什麼、少做些什麼，或是應該有何不同做法。不論企業文化是不是真實的東西，不論企業文化是否定義我們在工作上的族群，不論企業文化是否標誌我們加入的是一家怎樣的公司，企業文化不會告訴身為團隊領導人的你，應該怎麼做才能夠提高團隊效能。**想要提高團隊效能，我們必須把你的焦點帶到工作體驗實際發生之處：你的團隊、整個團隊網絡，以及團隊領導人，這才是最重要的。**

身為團隊領導人，你可以做三件事

第一，你應該時時知道你的團隊對前述這八道題目的回答。有很多方法可以幫助你做到這件事，但最容易的一個，就是逐一詢問你的團隊成員。不論他們的回答如何，你都會因為這些答案而變得更睿智，總是關注最重要的東西。

第二，花點時間把這本書讀完，以便更了解如何打造出一支優秀團隊，以及你遭遇的種種謊言如何阻礙你打造出優秀團隊。在任何一家公司，最重要的角色是團隊領導人，你們公司最重要的決策，就是挑選誰擔任團隊領導人。身為團隊領導人的你，在為你的團隊打造獨特局部體驗方面具有最大的影響力，這是重責大任，這是你的責任，我們想要幫助你好好完成。

第三，你下回在尋找新東家時，別費心探究這家你想加入的公司是否具有良好的文化了，反正也沒人能夠確實回答你，你應該探究這家公司如何打造出優秀的團隊。

謊言 #2

最佳計畫致勝

喬治・克隆尼（George Clooney）有個計畫。

在電影《瞞天過海》（*Ocean's Eleven*）一開始，克隆尼提出入侵一家拉斯維加斯賭場防護極其森嚴的金庫的陰謀後，卡爾・雷納（Carl Reiner）說：「我有個問題。」

「假設我們通過安檢門，進入我們動不了的電梯，通過荷槍實彈的保全，進入我們開不了的金庫裡面……假設我們通通都做到了，能夠帶著1億5,000萬美元的現金走出來，不被攔阻嗎？」

精心挑選組成的團隊一片沉默，大家緊張地你看我、我看你，毫無概念。

克隆尼暫停了一下，點點頭說：「沒錯。」

雷納說：「喔，好吧。」我們馬上知道，克隆尼對此也有計畫，雷納知道克隆尼對此有計畫，他不需要知道那

是什麼計畫，反正有計畫就行了，最好是好計畫，因為人人都知道──最佳計畫致勝！

身為觀眾的我們，緊張興奮地注視著，看看這項計畫是否成功──飾演扒手的麥特‧戴蒙（Matt Damon）能否成功從保全人員身上偷到密碼？凱西‧艾佛列克（Casey Affleck）和史考特‧肯恩（Scott Caan）的愚傻賣弄和生日汽球，能否成功擋住賭場的攝影機？克隆尼能否成功迷住茱莉亞‧羅勃茲（Julia Roberts）？（那還用說？當然全都成功了。）

但我們來想像一下，這組團隊的每個成員所感受到的興奮。雖然他們在高度挑戰的情況下團隊合作，但他們有計畫，計畫中詳述了每個人該扮演的特定角色。每個人的角色嚴謹劃分，有時間限制，有先後順序安排──布萊德‧彼特（Brad Pitt）將打電話給茱莉亞‧羅勃茲，但那是在克隆尼把手機偷偷放入她的外套口袋之後。所有團隊成員都感到牢靠，因為他們知道，若他們懂得如何把自己的角色扮演好、執行得宜，那麼就如同數學演算一般，所有步驟就會完美達成，計畫將會奏效，他們將成功盜得這筆錢。

你有什麼計畫？

若你最近被晉升為團隊領導人，組織期望你做的第一件事是研擬一個計畫。很可能在你還未正式上任之前，你

就被問到，你對你的團隊有何計畫？或者，更確切一點，你對團隊的九十天計畫是什麼？你將必須坐下來，認真思考，諮詢、調查你的團隊成員（很多成員是你被動承接的，不是你主動挑選的），然後盡你所能仿效克隆尼，研擬你的計畫。

這麼做，你很快就會發現你的團隊和克隆尼的團隊有眾多差異，包含：他的團隊獨立作業，你的團隊和許多其他團隊有關連，每支團隊都有自己版本的計畫。事實上，只要你把頭探出去看一下，張望一下公司裡的所有其他團隊，你將會發現一種計畫狂熱：每支團隊即將舉行、正在外面舉行、剛舉行完，或剛報告完他們在公司外部召開的異地會議，他們在異地會議中研擬或重新研擬現行計畫。

你現在可能不會馬上看出，但幾年後，你將看出，這種計畫有個型態，那是一種可預期的節奏，年復一年地重複：在11月董事會召開前的9月，你們公司的高階領導人將在外面舉行領導高層的避靜會議。這些會議中可能做強弱危機分析（SWOT analysis，分析優勢／劣勢／機會／威脅，聽起來很有趣）；可能請外部顧問協助他們；經過分析、辯論、提案、反對提案之後，煙囪冒出了裊裊白煙，這些領導人得出了一份策略計畫。然後，他們向董事會提出這份計畫，董事會通過之後，他們就把這份計畫告知直接部屬。接著，這份計畫被分割成許多其他計畫——部門計畫、事業單位計畫、地區計畫等，每一次

的分割得出比先前更細分、更詳細的種種計畫，就這樣層層向下推行，直到你也被要求率領團隊去公司外部舉行會議，研擬你們版本的計畫。

會做這件事，是因為我們相信計畫很重要；我們認為，只要把計畫做對，把每支團隊的計畫織進公司的大計畫裡，我們便能相信資源被妥適分配，規劃出正確的順序和時程架構，清楚劃分每個人的角色，我們有足夠的適任人才擔任每個必要角色。受到這種信心的支持，我們認為，我們只需要激勵團隊全力以赴，成功就會到來。

在此同時，所有這類計畫也含有渴望性質，我們企圖塑造未來，而計畫使我們感覺在為未來幾個月搭建臺架，讓我們可以在上頭建造更美好的未來世界。計畫的功能，不僅僅是意圖實現這個更美好的未來，也意圖使我們感到安心。計畫為我們提供確定性，或者至少是作為不確定性之下的一道保障；計畫有助於使我們相信，我們將會帶著錢走出賭場。

但是，正如你很熟悉這種「大計畫引領出中級計畫，中級計畫再引領出小型計畫」的循環，你必然也熟悉下列這項惱人的發現：實際發生的情形，鮮少、甚至從未如你所期望的。沒錯，一開始，計畫令人興奮，但你坐在這種計畫會議中的次數愈多，就愈加心生徒勞感。雖然，計畫書看起來很棒，有條不紊、非常完美，但你知道實際情形從來不會按照劇本演出，結果你很快就會再次出席另一場

計畫會議。

等到這另一場計畫會議結束時，你將會得出一份計畫大綱，同意接下來的必要步驟 —— 把這些大綱琢磨精煉成具體、可執行的項目，然後研擬具體行動的會議被稍微延後，等到終於召開會議時，它會偏往另一個方向。當你的團隊終於開始要處理細節時，某個新點子、想法或發現將會浮現，使你重新思考你原先的計畫，但克隆尼從來不需要應付這些。

在真實世界裡，你必須應付這些。今天我們所面對的現實，有一項明確的特徵就是無常，變化速度很快。若《瞞天過海》的劇情發生在真實世界，那麼當克隆尼研擬出計畫，挑選並組成完美團隊、定義每個團隊成員的角色、開始執行計畫之後，在他們成功到達金庫、打開保險箱時，他們會發現保險箱裡面空無一物，因為內華達州的賭場法規已經改了。由安迪‧賈西亞（Andy Garcia）飾演的賭場東家，在真實世界已經改以比特幣（Bitcoin）取代現金，而且為了在《財星》雜誌的企業排行榜上竄升，他們也把金庫改建成地下遊戲室暨健身中心，增進員工福祉。在真實世界，當《瞞天過海》的11人團隊成功闖入金庫時，看到的是上午11:30的熱瑜伽課程。

世界變化太快，計畫趕不上變化

退役美國陸軍上將史坦利‧麥克里斯托爾（General

Stanley McChrystal）在軍旅生涯中必須應付瞬息萬變的世界，他面對的利害與風險，遠大於你所面對的——我們希望如此。在他的著作《美軍四星上將教你打造黃金團隊》（*Team of Teams*）中，他揭露他在擔任聯合特種作戰司令部司令時，試圖研擬「計畫」是怎樣的面貌。[1]

這支團隊集合了美軍每個軍種的特種作戰部隊精英——陸軍的三角洲部隊及第75遊騎兵團、海軍陸戰隊武裝偵察部隊、海軍海豹部隊、空軍空降搜救組及作戰管制組，它的任務是在2003年入侵伊拉克後，在和蓋達組織的持續纏鬥中部署這些單位。擔任聯合特種作戰司令部司令後的幾個月內，麥克里斯托爾和他的幕僚，建造了一部「很棒的機器」——用增快許多的速度，針對瞄準襲擊行動研擬計畫、妥善執行，並且進行任務報告。但是，他們的作戰仍然不順利。

他們面對的是一群自發性、去中央化的敏捷敵人，由恐怖分子細胞組成，各個細胞能夠在不依靠指揮鏈之下，自行計畫和執行攻擊行動，麥克里斯托爾的計畫人員雖然竭盡所能地優化流程，卻從來未能快速到足以搶在恐怖攻擊行動之前。縱使他們的傳統制度——蒐集情報→分析→目標辨識→襲擊計劃→行動→行動後檢討，能夠變得非常迅速執行，但速度仍然不夠快。麥克里斯托爾的精英部隊，在面對敵人的最新攻擊時，仍舊經常措手不及。他們仍舊太常在進入一棟房子搜尋目標對象時撲空，他們在研

擬計畫時，此人還在房內，但是在他們進入搜尋前，此人早就離去。

現在，我們舉目所見，都是這種快速的變化。你在9月時研擬計畫，到了11月，你精心研擬的計畫已經過時了。若你在翌年1月檢視計畫，甚至可能不認得自己去年秋季撰寫過的那些角色和行動項目了。事件與變化的發生速度比以往任何時代都快，因此在分析情況時，極仔細地研擬出有條不紊的計畫，根本就是在對一個「馬上就消失的現在」做演練工夫，研擬如此詳盡的計畫所花費的時間與精力，注定是做白工。所謂的「計畫」，其實並不能告訴你「朝往何處」，只能幫助你了解你「現在或新近的過去」處於何處；我們不是在為「未來」做計畫，我們是為「新近的過去」做計畫。

還有一點，那些研擬計畫的人，身處何處呢？他們太遠離公司的前線了，所以根本就沒有足夠的真實世界資訊，作為研擬計畫的根據。若你不是天天做銷售的人，你如何能夠研擬一份針對特定顧客成功銷售某種產品的計畫呢？你很難做得好。你可以根據對抽象情況的概念性了解，或者對一些趨勢進行摘要，建構出一個理論上的「銷售模型」，但若你的計畫不是以真實世界中每次實際銷售交談時的詳細情形為根據，比方說，潛在顧客的眼神何時開始呆滯；他們的身體何時前傾，注意傾聽起來；他們何時開始接話等，你的計畫將是假設性質多過實務性質。

　　以麥克里斯托爾將軍面對的挑戰來說，這是介於下列兩者的差別：一個是根據概化性論述來建構計畫，例如「我們攻錯房子的機率是25％」，另一個則是研擬應付特定現實的計畫，例如「若我們搜尋的這個對象，可能在今晚的這個時間離開房子，我們要如何擊中此人？」不幸的是，絕大多數的計畫，尤其是公司高層研擬的那些計畫，使用的都是前面那種方法，而非後者。

　　縱使你編織出最周詳的計畫，你的團隊成員仍會惱怒於被告知要做非常欠缺變通、非常概念化，而且可能和他們面對的真實世界非常脫節的事。歐遜團隊雖然一開始樂於被賦予有明確期望的清楚角色，但想像他們在完美扮演了計畫分配的角色之後，仍然發現金庫裡面沒有錢，他們會作何感想？再想像，若他們必須月復一月這麼做，只因為這是計畫 —— 高階領導人認定能夠奏效的計畫，儘管他們一再反應金庫裡面沒有錢、瑜伽教練生氣了，戴著面罩、穿著連身工作服待在38℃的金庫是很瞎的一件事，會是怎樣的感覺？

　　你的團隊想要、也必須面對他們所處的真實世界，和這個真實世界互動，但是你把他們框限在一個預先建構的計畫裡，不僅限制了他們，也很可能暴露你和現實有多麼脫節。

　　但這並不是說計畫完全無用，開闢空間思考你取得的所有資訊，試著得出條理或了解，仍然是有一些價值的。

不過,切記,這麼做只是在了解你的團隊面對的挑戰性質與規模,你將不會從中獲得多少有關如何改善情況的啟示。你可以在不斷變化的真實世界裡找到解方,反觀你的計畫,必然只是對新近過去的抽象了解;計畫檢視的是問題,不是解方。

所以,你雖然被告知,最佳計畫致勝,其實不然。許多計畫 —— 尤其是大型組織研擬的計畫 —— 過於概化,很快就變得過時,令計畫執行者感到挫折。**遠遠更好的做法是:即時協調你的團隊,重度倚賴每個團隊成員有根據的詳細情報。**

職場如戰場,向道丁系統學習

1940 年代末期,希特勒的軍隊橫掃歐洲,抵達法國西部海岸,一海之隔的英國,只能仰仗英國皇家空軍遏止德軍入侵大不列顛群島,英國皇家空軍雖然能在夏季的短短幾個月中增加戰鬥機數量,但仍然不夠。當時,被廣為接受的空中防禦模式是,因為不可能知道下一波攻擊何時來臨,防禦者(在此例指的是英國皇家空軍的噴火戰鬥機和颶風戰鬥機),應該持續不斷輪班巡邏偵察,以期攔截來襲敵機。

但是,英國的海岸線太長,無間歇巡邏需要大量飛機和飛行員,使得這個方法無法完善執行。於是,唯一可能的替代方案是:推測攻擊可能發生於何地,但太多時候,

這種推測是錯誤的 —— 能夠偵察到半數來襲敵機，就被視為是夠好的攔截率了，截至當時為止的空戰史是如此，因此當時有句名言：「敵人的轟炸機總是能夠得逞。」

想救國家，英國皇家空軍需要的是一部增力器 —— 能夠使數量有限的戰鬥機和飛行員大舉提升成效的東西。他們想出的增力器是一個房間。

若你現今站在這個房間內，你看到的是下述情景。在一整面牆上，有26張豎立的白板，每張白板最上方有一個空軍中隊的編號，下方有一排四種顏色的燈，這些燈代表每一空軍中隊的每個小隊。一個中隊有12架飛機，分成四小隊，每個小隊有3架飛機，燈號顏色顯示的是每個小隊目前的狀態 —— 準備行動；已經飛入空中；正在和敵機交戰；返回基地加油等，以及每個小隊已經飛行了多久。這些白板 —— 所謂的「空情顯示板」（tote board）—— 顯示對哪架飛機下達了什麼命令，呈現了每個中隊（總共26個中隊）的每個小隊（每個中隊分成四小隊）的狀態，因此總計有104筆資訊。

每張空情顯示板的下方有兩排數字，顯示的是當天一開始時，每個中隊有多少架飛機和多少名飛行員；一個中隊有兩個數字，總計是52筆資訊。

再往下方，有四張顯示板顯示防空氣球部署的高度，以及當天的天氣預測，總計是5筆資訊。

在這面牆的中央位置，有個看起來不尋常的鐘，鐘面

區分成每隔五分鐘交替了紅、黃、藍三種顏色，其功用對應占據了這個房間大部分地板面積的大型地圖桌，這張大地圖放大呈現海岸線、英吉利海峽和法國海岸。有多名女性圍繞著這張地圖桌，每個人戴著頭戴式耳機，手上拿著一根像賭場賭臺上鉤取賭注的長棍。地圖桌的中央，有一些標示了數字的木塊，木塊上插著牙籤大小的細枝，細枝頂端有加了數字標籤的小旗。

每個木塊代表一群飛機 ── 不論是來襲敵機、英方防禦機，或是不明飛機，若飛機在法國或海洋上空，將由英國沿岸部署的四十個雷達系統站，使用的兩套合稱為「鏈向」（Chain Home）的雷達系統偵測到之後，發射傳送這些飛機的位置資訊。若飛機出現在陸地上空，英國皇家對空觀察隊（Royal Observer Corps）部署於一千座觀察站的三萬人，將用電話通報這些飛機的位置資訊（因為雷達系統只面向海）。

飛機的位置資訊，再加上第三套系統辨識它們是敵是友的資訊，全部通報給圍繞在地圖桌邊的女性 ── 繪圖員，繪圖員根據這些資訊，把附加了識別數字的木塊移至正確位置，再加上飛機數目、它們的高度、是敵是友，以及若是敵機，有哪些中隊已經被派去攔截的指標，最後這筆資訊就是木塊上牙籤頂著的數字。這種種的數字都有色碼，這些顏色對應相符於牆上那個鐘所指示的顏色；這麼一來，所有人一眼就能看出每筆最新資訊。

地圖桌呈現「鏈向」雷達系統每分鐘傳送的數千筆資訊，加上是敵是友辨識系統傳來的數千筆資訊，再加上英國皇家對空觀察隊每二十四小時提供的一百萬筆通報，每筆通報在 40 秒內傳達這個房間。

這個房間即時匯總所有這些資料點、呈現出來，讓前線隊員（稱為「控管者」）能夠作出判斷，把軍機派往敵機所在地。這個現在被稱為「英國戰爭地堡」（Battle of Britain Bunker）的房間，它的設計，以及由全國各地類似房間所構成的網絡，還有把資訊傳送到每個房間的許多資訊系統，結合起來形成「道丁系統」（Dowding System）──以建立這套系統的英國皇家空軍戰鬥機司令休‧道丁（Hugh Dowding）來命名。

道丁系統改變了一切，它是一部增力器，把平均攔截率從戰前介於 30 ％和 50 ％之間，提高到平均 90 ％，經常達到 100 ％，亦即使防禦成效倍增。[2] 這套系統絕對不是根據已經失效的摘要資訊緩慢行動的計畫系統，它根據即時、詳盡的原始資訊快速行動。英國皇家空軍的這部增力器，是一部情報系統。

最佳情報致勝

情報系統有別於計畫系統的特徵是：準確、資料即時、廣大、快速傳播，提供詳盡資訊讓團隊成員能夠看出型態，自行決定作出什麼反應。了解了這些特徵，我們可

以看到，它們到處存在。

英國戰爭地堡是我們現今稱為「戰情室」（war room）的一個早年例子，而「戰情室」這個名稱已經從它的字面根源，擴大到涵蓋更多的隱喻性應用，例如比爾・柯林頓（Bill Clinton）第一次競選美國總統時有個著名的核心戰情室，或是專案管理或危機管理所使用的戰情室。此外，美國航太總署位於德州休士頓的任務控制中心（Mission Control Center）；直播電視節目的製作室；思科系統資安營運中心（Security Operations Centers）的工程師監測客戶的網路運作情形，當發現問題時立刻作出反應，這些都可視為戰情室。

這些例子的共通點是，它們盡速在組織中傳送資訊，促使作出立即、靈敏的反應。它們的基本假設是，人們是有智慧、有判斷力的，若你能為他們提供真實世界正確、即時、可靠的資料，他們必定作出明智的決策。

最佳計畫致勝，這不是事實；事實是：最佳情報致勝。

既然如此，如何打造一流的情報系統？

身為團隊領導人，你該怎麼做？

第一，盡可能釋出更多資訊。 想想你擁有的所有資訊來源，盡可能讓你的團隊隨需獲得更多這些資訊來源。計畫系統把資訊局限於提供給那些「需要知道」的人；情報系統不是這樣，而是盡可能快速釋出更多資訊。因此，一

開始，別太擔心你的團隊是否了解資料、是否能夠利用資料，若你認為這些資訊能夠幫助團隊人員更即時了解真實世界，就分享吧。而且，請鼓勵你的團隊成員這麼做，幫助他們了解經常分享資訊的重要性，使你的團隊總是能夠獲得即時的資訊流。

第二，仔細觀察你的團隊人員覺得哪些資訊對他們有用。別太傷神於如何把資料弄得簡單、易於使用，或是如何包裝、如何編織成一個具凝聚力的故事。今天，關於資料的最大挑戰，並不是理出資料的含義，我們多數人成天應付複雜性，通常清楚自己需要知道什麼資料，以及往何處尋找資料。今天，關於資料的最大挑戰是使資料更正確 —— 從雜音中理出正確訊號，這遠遠困難得多，對團隊也遠遠更有價值。因此，你應該極度注重資料的正確性，觀察你的團隊人員自然被哪些資訊吸引，然後歷經時日，增加這類資料的量、深度和提供速度。

第三，信任你的團隊人員理解資料的能力。在計畫系統中，解讀資料的不是前線人員，這項工作是交給特定的少數人，由他們分析資料、辨識模式，然後研擬與溝通計畫。情報系統的做法恰恰相反，因為情報系統中的「推理力」，並不在於特定的少數人，而是在於所有前線人員的臨場解讀能力；身為團隊領導人的你，並不是資料的最佳理解者，他們才是。

麥克里斯托爾將軍敘述他最終在伊拉克建立的制度

時，也提出了相同的觀點：「在舊模式中，部屬提供資訊，領導人下達指令。我們翻轉了這樣的做法：由領導人提供資訊，讓清楚脈絡、有極佳連通能力的部屬，能夠採取主動，作出決策。」[3] 麥克里斯托爾將軍建立的，堪稱為行動情報系統最極致的範例。

麥克里斯托爾的 O&I 會議

想要毀掉某人的一天，很有效的一種方法就是讓他／她一整天出席各種會議。對絕大多數的人來說，會議是把原本可以好好用來做實質工作的時間，拿去聽那些和目前面臨的挑戰關連性不一的報告，或者討論一些看起來可能對大局重要、但對任何某天的工作沒有迫切性的主題。雖然有無數的會議「最佳實務」，例如清楚的議程、一份會議紀錄載明了後續的追蹤項目等，起碼可以確保開會在某種程度上的效用，但仍然甩不掉一個事實：在絕大多數的會議中，至少會有一至多位出席者不免心想，若不參加這場會議，可以把時間拿來做什麼有用的事？*

這使得麥克里斯托爾將軍在伊拉克建立的制度更非凡、更反直覺了，因為他建立了一個會議制，一週有六天

---

* 禿頭老闆：我們將開會討論員工留職的事。
　呆伯特：告訴他們，員工之所以離職，是因為有太多沒用的會議了。
　禿頭老闆：我們不會在第一次的會議中，討論到這些原因。
　©2001 United Feature Syndicate, Inc.

要舉行會議，每天舉行兩個小時，與會者有兩千人。

這個會議名為「O&I會議」（Operations & Intelligence meeting，作戰情報會議），每天華盛頓特區時間早上九點、伊拉克時間下午四點，麥克里斯托爾的整個司令部與會（最終與會者包含有興趣了解情況的任何機關的任何人），與會者在他們身處的世界各地，參與這場持續兩個小時的資訊交流視訊會議。會議中充滿了最新訊息簡報，每段簡報大約一分鐘，凡是有切要資訊想要分享的人都可以提出，接下來是來自領導團隊的人，或是想要了解更多的任何人的Q&A時間，大約四分鐘。在麥克里斯托爾之前，O&I會議就已經存在，但形式大不相同，那些O&I會議的時間較短、排他性較高，僅限那些「需要知道」特定資訊的人參與，這是典型計畫系統的一項特徵。

麥克里斯托爾將軍的O&I會議，與傳統的O&I會議十分不同。它開放給所有想要得知或分享資訊的人，非常民主，任何人都可以提供最新訊息和提出疑問，不是只有高階軍官可以這麼做。它是自發性的——並不要求提供的最新訊息，必須事先經過「包裝」或檢查，就讓與會者直接簡報。此外，它也是經常性的。簡言之，麥克里斯托爾的這個會議制，體現了下列的事實：資訊很快就會變得過時、無用，因此必須盡速分享；促成基層協調行動的最佳之道，並非協調行動本身，而是協調基層當下需要的資訊；資訊有無價值的最佳判斷者，是相關資訊的最終使用

者；資訊含義的最佳理解者，是相關資訊的使用者；理解資訊含義的最佳方式是共同解析。

麥克里斯托爾抵達伊拉克後，竭盡所能加速他接掌的計畫系統，他的軍隊每個月進行的襲擊行動，從十次增加到十八次。當他建立了前述的情報系統之後，襲擊行動的數目激增至三百次。[4]

頂尖團隊領導人的O&I會議：每週討論工作

雖然麥克里斯托爾的O&I會議，是一個巨大規模的情報系統範例，若你研究最優秀的團隊領導人就會發現，他們有很多也有類似這樣經常共同解析、建構意義的慣例，但與會者不是兩千人，而是兩個人。這項慣例稱為「討論工作」（check-in），簡單地說，就是團隊領導人和團隊成員經常性地針對近期的未來工作進行一對一交談。

頻率如何？每週進行。這些團隊領導人了解，年度一開始訂定的目標，到了第三週就已經變得不切實際；他們知道，**一年不是一場事先詳盡規劃的馬拉松，而是五十二場短跑，每場短跑得根據真實世界的變化狀況來因應。**他們知道，身為團隊領導人的重要角色，是確保第三十六場短跑一如第一場短跑那樣，專注、精力充沛。

因此，這些領導人每週和每個團隊成員進行簡短討論，在交談中，他們提出兩項簡單詢問：

- 你本週的優先要務是什麼？

- 我能夠如何幫你？

他們不是在要求團隊成員提出一份「待辦事項」清單，只是想在工作持續進行的同時，即時討論團隊成員的優先要務、障礙及解方。共同解析只能在當下做，時間過去之後出現的概化性論述，已經掩埋了細節，不是好的意義建構。因此，每六週做一次這種討論，甚至每個月做一次，都是無效的，因為你們的交談將會變成只是泛泛之談。

事實上，調查所得資料顯示，每個月和你的團隊成員討論一次，比無效還要糟糕。每週和團隊成員討論一次的團隊領導人，平均而言提高團隊敬業度13％；每個月只和團隊成員討論一次的團隊領導人，平均而言降低團隊敬業度5％。[5]這猶如團隊成員在告訴你：「若我們只是在進行泛泛之談，我寧願你別浪費我的時間。要不就談談我的工作的實際情形，讓我知道你現在能夠如何幫助我，要不就別來打擾我。」

每一次的討論工作，是團隊領導人提供幫助成員克服真實世界障礙的訣竅或點子，或是建議成員如何改進一項技巧的機會。這類討論可能相當簡短──10～15分鐘，但足以做一次即時性的學習與指導。跟所有的優良指導一樣，對個別團隊成員提供的指導，必須根據成員目前面臨的實際狀況、心理、具有的長處，以及可能已經嘗試過的策略加以討論，而唯一能夠清楚這些細節的方法，就是經常性地進行交談。

此時，必須講到我們從最優秀的團隊領導人身上，所獲得的最重要洞察之一：**頻率勝過品質**。他們知道，每次討論工作的完美執行，不如每週進行這種討論來得重要。在情報系統中，頻率為王。你和團隊成員討論工作，或是和你的整個團隊會面的頻率愈高、愈可預期，亦即你愈常即時關注他們的工作現實，你的團隊的效能和敬業度就愈高。從這點來看，討論工作就像刷牙一樣，你每天刷牙，雖然你希望每次刷牙的品質高，但最重要的是天天刷牙。想想看，一年只刷牙兩次 —— 兩次超高品質的刷牙？是不是聽起來很荒謬？同理，一年只討論兩次工作 —— 兩次超高品質的討論，難道就不荒謬？一組討論頻率低的團隊，就是一組情報質量低的團隊。

這項認知也拆穿了下列這個抱怨的不實，這是我們太常聽到高階領導人和人資主管發出的抱怨：「主管的領導技能不佳，無法妥善指導人員！」調查所得的資料顯示，只有那些每週和每個團隊成員討論工作的團隊領導人，獲得較高水準的團隊效能和敬業度，以及較低的人員自願離職率，這些和討論的品質無關。我們確知的一點是，若團隊領導人經常和團隊成員討論工作，這個團隊成員必然能夠從中獲得實質幫助，縱使團隊領導人不是世紀最佳教練派翠西雅・桑米特（Patricia Summitt）也一樣。*再者，若團隊領導人一開始所做的討論品質不佳，每年至少還有五十一次的練習機會，不論起點或指導天賦如何，都能夠

逐漸進步。

身為團隊領導人的你此時可能會想：「是，我也樂意每週和我的團隊成員討論工作，但我無法做到呀！我的團隊成員太多了。」若這是你的工作現實，那沒錯！你有太多團隊成員了。「管理幅度」（span of control）是人員與組織領域長期存在的一項辯論議題：每個團隊領導人應該要管理多少人比較好？有人說，最好是介於1~9個人；也有人說，最好是介於1～20個人。不過，有些護理長管理40名護理人員，有些電話客服中心的經理要管理超過70個人。

既然我們已經從調查研究中看出，每週和每個團隊成員進行討論，是最佳團隊領導人所採行最具成效的慣例，那麼我們便知道**每個團隊領導人的合適管理幅度：那就是你（而且只有你）每週能夠進行工作討論的對象人數**。若你每週只能夠和8個人進行討論，行程無法排入第9個，那麼你的合適管理幅度就是8個人。若你每週能夠和20個人進行討論，那麼你的合適管理幅度就是20個人。若你每週只能和2個人進行討論，那麼你的合適管理幅度就是2個人。也就是說，管理幅度並非理論性質、一體適用的

---

* 上個世紀最優秀的教練，她是田納西大學女籃校隊教練，是大學籃球史上贏得最多勝的教練：1,098場。她贏得八屆全美大學體育協會（NCAA）女籃賽冠軍（在她退休時，這仍是一項紀錄）；她曾在1976年身為美國女籃隊員時贏得一面奧運銀牌，然後在1984年擔任美國女籃隊教練時贏得奧運金牌；她在2000年被評選為「本世紀奈史密斯教練」（The Naismith Coach of the Century）。

東西，它是實務性質的東西，視團隊領導人的關注力容量而定；你的合適管理範圍，就是你的關注力幅度。

為了情報——為了和你的團隊成員共同對即時資訊作出解析，每週討論工作是支柱慣例，你必須設計你的團隊、妥善掌握團隊的規模，以遂行這項慣例。有朝一日，若你成為眾多領導人的領導人，你必須確保你底下的這些領導人知道，這種工作討論是領導最重要的一環。和每個團隊成員每週討論工作——傾聽、修正方向、調整、指導、精準定位、提供建議、關注員工如何處理工作等，並非管理工作的附加項目，就是你的管理實務。如果你不喜歡做這些事，如果每週和每個團隊成員討論工作這件事，使你感到乏味或意興闌珊，或是你認為每週都得討論一次工作「太多」了，沒關係，請你看在道丁的面子上，請別擔任團隊領導人。

我們在上一章看到，團隊成員能夠信賴團隊領導人是非常重要的，不論是麥克里斯托爾將軍的O&I會議，或是你的每週討論工作，經常性地共同解析、建構意義，可以幫助增進團隊成員對你的信賴，因為這不僅可以產生更好的決策，也有助於建立信任。

在評估員工敬業度的八道題目中，有兩道直接和這種信任度有關：「在我的團隊裡，大家和我具有相同的價值觀」，以及「我支持我的隊友。」當一個團隊在這兩道題目的評分低時，人們很容易認為這代表「意圖」上有問

題 —— 團隊成員不關心彼此,或是不想相互支持。但實際上,這兩道題目的低評分,往往不是導因於意圖不好,而是導因於資訊不佳:團隊成員不知道該如何相互支持,因為他們知道的細節不夠多,無法提供協助。若他們不知道其他隊友都在做什麼,如何知道隊友們的真正價值?若他們不知道其他隊友都在做什麼,又如何能夠感到安心?若你不知道某個人的背在哪裡,如何能夠當對方的靠背?

你愈常在團隊裡進行共同解析、建構意義的討論,將會釋放出愈多資訊,產生愈多情報,因此生成愈高的信任感。遮遮掩掩、守口如瓶,絕對不可能產生多大的信任感;頻繁,才能夠創造安全感。

釋出資訊與決策權,遠遠勝過完美計畫

道丁和麥克里斯托爾的例子帶來的啟示,不僅僅是關於系統、資訊和流程的趨勢,也是關於團隊領導人在快速變化世界中的角色的啟示。相隔六十年,他們帶給我們的共通洞見是:**領導人盡可能釋出愈多的資訊和愈大的決策權,所產生的功效遠遠大於研擬完美計畫所產生的功效。**

我們在第1章看到,區別出最佳團隊的八個層面之一,包含了每個團隊成員感覺「在工作上,我清楚了解組織對我的期望。」不論是二十世紀上半葉的泰勒主義與科學管理,或是二十世紀下半葉的目標管理,或是這兩者間出現的種種管理老生常談,或是所謂的直覺,我們最常抱

持的假設是：釐清期望的最佳方法，就是告訴人們該做什麼。但事實是，等到你這麼做時，你的方向已經不正確了，因為世界已經改變了。就這樣，我們所建立、用來告訴員工該做什麼的大規模系統 —— 計畫系統，失靈了。

為了釐清期望，最有成效的最佳方法，就是設法讓你的團隊人員自己釐清。別試圖移除複雜性，應該在適切之地辨識複雜性；別用宏大計畫隱藏複雜性，應該大方分享，讓所有人看到複雜性。所以，你應該盡可能經常為團隊成員提供更多正確的資料，讓他們清楚目前的情況，並且建立一個共同解析、建構意義的機制。一言以蔽之，信賴你的團隊的情報。

第一流的公司把目標層層下達

　　最近，一位朋友告訴我們她的一個目標：她說她要去跑一場馬拉松。更確切地說，她告訴我們，她將在七個月後的 5 月，去跑在布拉格舉行的馬拉松賽。我們問她為什麼？她不假思索道出幾個理由：從現在起算到 5 月，有足夠的時間讓她「從沙發上起身去跑道」；她只能找到布拉格馬拉松賽是約莫在那個時間舉行的馬拉松賽；她從未去過布拉格；據知，布拉格馬拉松賽的跑道是最平坦的，而且難度夠，但又不需要艱辛地跑過山地。

　　當然，這些全都不是她去跑 5 月布拉格馬拉松賽的真正理由，真正理由是她想要顯著改善體能，跑馬拉松看來是達到這項目標的最佳途徑——雖然有點劇烈。其他種種細節，包括 5 月、布拉格、跑道平坦等，只不過是她使這項目標變得更具體、因此更切身的方法罷了。

這就是目標對我們的最大用處了！目標使我們在我們最重視的事情之上，加入了種種細節和時間表，把這些價值匯集成一個可描述、生動、具體的成果。我們設定的目標，把我們往前拉，在1月寒冷的週六清晨，在3月下著毛毛雨的傍晚，從沙發上起身到外面跑步。目標變成了我們最親密的夥伴，依偎在我們精神上的一個角落，推動著我們持續向前，指引我們的思想與行為，鼓勵我們熬過各種疲憊、受傷和自我懷疑。直到有一天，我們繞過溫塞斯拉斯廣場（Wenceslas Square），跟著其他人和其他目標，完成馬拉松賽。

若目標在企業世界也發揮了同等的功效，若目標幫助我們往最重要的事物前進，那麼它們將會非常有用。

瀑布式目標設定

在工作世界，目標無所不在，你很難找到不實行年度或半年度目標訂定管理制度的公司。在一年當中的某個時點，通常是會計年度開始之時，或是支付了分紅獎金與加薪之後，組織的高階領導人會訂定他們未來六個月或十二個月的目標，然後把這些目標告知他們的團隊。每個團隊成員檢視領導人的每一項目標，思考著如何推動這項目標，然後訂定反映此項目標的子目標。這種流程層層下推，直到你和每個員工都有一組目標，它們是反映組織更上一層更大目標的迷你版本。

在某些組織，目標也被區分類別，於是每個人被要求訂定策略目標、營運目標、人事目標、創新目標等。訂定目標之後，交給個人的直屬主管審核，再交由這位主管的主管審核，以此類推。每個層級評估每項目標是否具有足夠的挑戰性，是否和上個層級的目標一致，就這樣，層層向上審核目標。

隨著年度展開，你很可能被要求持續記錄你的目標已經完成了多少百分比，這個「完成XX％」的資料，被匯總加入更大、更大的團隊裡，好讓公司可以在該年度的任何時間點說：「我們有65％團隊完成設定目標的46％，我們必須加快腳步！」

年度終了時，或季度終了時，你被要求撰寫一份自我評量，省思你覺得在各項目標上做得如何，然後你的主管再審閱這份自我評量，加入他／她的評量，往往會寫上評論，說明他／她是否認為你確實達成各項目標。在人資部門多次催促他／她之後，你的主管協助把所有相關資料輸入公司的績效管理系統，成為你在該年度績效的永久紀錄，左右你的獎酬及升遷機會，甚至決定你是否會被公司繼續雇用。

若你是銷售人員，你的銷售配額也將以類似方式運作──一間公司的總銷售目標，通常被分割成許多部分，層層下推到整個組織。唯一的差別是，你或你們團隊的配額，通常只是一個上級交代下來的數字，定義你和你

一整年的工作，這也是為何多數公司的銷售人員被稱為「配額承擔人」（quota carriers）的原因。

在智慧型手機的年代，一年一度的目標訂定，已經被視為「不夠」。所以，你的手機很快就顯著增加這種「訂定目標、評量及追蹤」的頻率 —— 說不定你這麼做已經很久了，這全是因為我們相信：第一流的公司把目標層層下達。

目標設定的三大常見功用：激勵、追蹤、評量

多年來，這種訂定目標的模式，名稱有所改變。一開始的名稱是「目標管理」（Management by Objectives, MBO），最早由彼得・杜拉克（Peter Drucker）在1954年出版的《彼得・杜拉克的管理聖經》（*The Practice of Management*）一書推廣。接著，出現「SMART目標」一詞，指的是明確（specific）、可評量（measurable）、可達成（achievable）、務實（realistic）、有時限（time-bound）的目標。不久後，出現了「關鍵績效指標」（Key Performance Indicators, KPI），以及吉姆・柯林斯（Jim Collins）提出的名詞「BHAG」（big, hairy, audacious goals）：宏偉、艱難且大膽的目標。最近的化身則是「OKR」（Objectives and Key Results）：目標與關鍵結果，源於英特爾（Intel）公司，現在被矽谷廣為用於定義和追蹤目標，並用「關鍵結果」加以衡量。

在種種的技術與方法論之下，投入於這種目標訂定的時間與金錢非常龐大，這裡給你一些例子，幫助你了解這種投資的規模。德勤企管諮詢公司估計，它每年花費4.5億美元於目標訂定、追蹤及評量上；同屬於管理顧問業的埃森哲公司（Accenture），員工人數超過50萬人，每年在這方面的花費是德勤的兩倍有餘。一間公司每年花費近10億美元在一件事情上面，想必有一些非凡的益處吧！是什麼益處呢？

每間公司當然有所不同，各有盤算，不過，實行這種目標訂定的三個最普遍理由是：第一，目標能夠校準每個人的工作，激勵與協調績效；第二，追蹤目標的「完成百分比」，可以得出有關團隊或公司整年工作進展的寶貴資料；第三，目標的達成情形，可以讓公司在年終時，據以評量團隊成員的績效。所以，公司投資於目標訂定，是因為目標被視為一種激勵系統、一種追蹤系統及一種評量系統，這三種功能是公司投資那麼多時間、精力與金錢的原因，但這正是麻煩開始之處。

首先，在把目標當成績效激勵系統方面，高階領導人最害怕的事情之一，就是人員的工作沒有校準、與公司的目標不一致，辛苦工作卻把公司拉往四面八方，就像在波濤洶湧大海上的一艘無舵之船。訂定目標，瀑布式地層層下達目標，可以消弭這種恐懼，給予領導人信心，相信船上所有人朝同一方向划槳。

當然，若目標本身並未促成更大活動，亦即船隻本身其實沒有動能，那麼這種校準並沒有多大價值。截至目前為止，並沒有研究顯示，上級為你訂定的目標，會激發你更高的生產力。事實上，證據顯示，層層下達的瀑布式目標，作用恰好相反：它們限制績效，導致整艘船的行進速度減緩了下來。

你可曾在雨天的紐約市試圖叫一部計程車？不容易啊！你站在第五十二街和第三大道的交叉路口，瘋狂地向任何模糊看似黃色計程車的車輛揮手，哀歎每部計程車都載了人，而且不知為何，計程車似乎突然變少了。若你熟悉經濟學，在雨水滑落你的鼻頭之際，你可能推測，下雨使得叫計程車的人增加了（需求增加），但計程車司機的數量不變（供給不變），所以才會產生這種一車難求的問題，但實際情形並非如此。

計程車司機對他們一天收工前想賺得的車資，有一個非正式訂定的目標或配額，對大多數的計程車司機而言，這個數字是當天承租一部計程車的成本的兩倍。[1]當天賺得的車資一達到承租費用的兩倍，他們就收工了，回家休息，為翌日的戰鬥養精蓄銳。他們天天都有這項收入目標，但雨天時，因為選擇搭計程車的人增加，他們會更早達成目標，一旦達成目標，他們就收工回家了。

銷售配額也是如此，領導人為銷售人員訂定配額，因為他們想要激勵銷售人員的績效。但實際上，配額並不這

樣作用。最優秀的銷售人員在年終的幾個月前，早就達到他們的銷售配額了，之後他們便開始延緩完成交易，把成交日期拖到下個會計年度開頭，以確保他們在下個會計年度有個好的開始。所以，銷售目標（銷售配額）實際上反而會降低頂尖銷售人員的績效，就像紐約市計程車司機的情形，銷售目標形同對績效設定了上限，並不是刺激更高績效的催化劑。

那麼，對那些做得很吃力或績效普通的銷售人員呢？目標能否挑戰他們力爭上游，朝銷售配額邁進，就像我們那位朋友的馬拉松目標挑戰她提升耐力一樣？同樣，不必然。事實上，銷售配額使得平庸或做得很吃力的銷售人員承受的壓力增加，但這不是因為試圖達成他們覺得重要的事而自我施加的壓力，我們那位實行馬拉松訓練的朋友是自我施加壓力，逼自己週六早晨起床跑步。必須設法達成公司目標的那種壓力，是一種高壓強迫，而高壓強迫是恐懼的近親，最糟糕的情形是，受恐懼驅動的員工被逼促但仍然落後，為了達成目標，便訴諸不當、有時甚至非法的手段。

富國銀行（Wells Fargo）為每家分行訂定的交叉銷售目標，就導致了這種情形。富國銀行要求，當客戶來銀行開設了一個支票存款帳戶，行員應該也要推銷開設儲蓄存款帳戶，或開設活期存款帳戶、辦理信用卡、申請貸款等。但是，這些目標並沒有「實際」引領出更多的交叉銷

售，反而導致開設了超過 350 萬個假帳戶。

不過，這不是說銷售配額毫無用處；事實上，它們可能是一種優異的預測機制，高階領導人可以用它們來預估公司在一期間的營收，向董事會和投資人宣布這個預估數字，讓所有的利害關係人對預期營收有一個概念，並且據以評估成本、投資及現金流量。最卓越的主管都善於推測估計，基於長期經驗，他們大概知道中位數配額應該是多少，亦即銷售人員的績效差異將群集的「最佳配適線」（line of best fit）。有些銷售人員的績效將比配額高出10％，其他銷售人員的績效將比配額低10％，因此若推估得當，在年度終了時，團隊將會達到銷售目標。

但是，這些銷售目標不會帶來更多銷售，它們只是預估銷售將是多少。銷售目標是績效的預測，不會創造額外的績效。

其次，把目標當成績效追蹤系統方面呢？目標真的能讓公司做到這件事嗎？很難。儘管有那麼多公司要求員工寫出年度目標，然後使用軟體來追蹤他們的目標進展；儘管有一些書籍，例如泰瑞莎‧艾默伯（Teresa Amabile）和史蒂芬‧克瑞默（Steven Kramer）合著的《進步定律》（The Progress Principle）說，[2] 人們喜愛追蹤他們的進展，能夠從每個成就中獲得欣喜；儘管在過去幾年，我們看到了更多的目標追蹤，但這種追蹤並未產生意圖的效果，原因很簡單：你的目標進展，並不是線性的。

　　以我們那位跑馬拉松的朋友為例，若到了 2 月底時，她估量她的訓練已經完成了 62％，這是否意味著她的馬拉松目標，距離達成只剩下 38％ 了呢？顯然不是，因為她還未實際開始跑馬拉松賽，因此她的馬拉松目標距離達成還剩下 100％。那麼，當她實際在跑馬拉松賽時呢？總長 26 英里的馬拉松賽，當她跑完前 13 英里時，是否意味著她離完成比賽只剩下 50％ 呢？也不是。每個馬拉松跑者都知道，馬拉松的前半段相對容易，艱辛嚴酷的是後半段，尤其是最後的 6 英里。通過 20 英里的路標之後，你會開始感覺到雙腿僵硬、意志薄弱，此時你才會知道你有沒有足夠的身心強度完成目標。最後 6 英里的煉火，代表了整場馬拉松賽的多少比例呢？40％？60％？90％？我們無法給予一個正確數字，因為事實上，馬拉松的前 20 英里是一碼子事，最後 6 英里是非常不同的另一碼子事。

　　所以，我們的這位朋友在馬拉松訓練中，不可能有「完成了 62％ 目標」這回事；她在實際跑馬拉松賽時，也不可能有「完成了 50％ 目標」這回事；她要不就是達成了目標，要不就是沒有達成目標。**在真實世界中，所有的目標都是如此，你要不就是達成了，要不就是沒有達成；目標的達成是二元性的：達成，或是未達成。**你可以訂定一些中程目標，達成時打勾標記，但在打勾標記這些中程的迷你目標時，你無法對你的更大目標給予一個「完成百分比」，若你試圖這麼做，或你的公司要求你這麼做，你

將只是對你的進展情形創造一項不實的資料。

最後，用目標來評量員工方面呢？我們能夠根據員工達成了多少目標來評量他／她嗎？許多公司都這麼做，但有個問題：除非我們能把每個人的目標的困難度予以標準化，否則不可能客觀據此判斷每個員工的相對績效。

舉例而言，我們要評量兩名員工，維多麗亞和艾伯特，兩人分別要達成五項目標。年度終了時，維多麗亞達成了三項目標，艾伯特達成了五項，這是否意味艾伯特的績效較佳呢？未必。也許維多麗亞的五項目標之一是「治理一個王國」，而艾伯特的五項目標之一是「泡一杯茶」。若我們要用目標的達成數量，來評量維多麗亞和艾伯特，就必須要能夠完美衡量每一項目標的困難度 —— 在真實世界中，我們需要每個經理人能夠完美一致、以和其他經理人完全相同的方式去衡量一項目標的難易度。*這樣的尺度，實際上是不可能做到的 —— 抱歉了！艾伯特。

與現實脫節的目標評量

不過，儘管有前述這些證明，許多尋求能夠確保有效執行的領導人，仍然直覺喜歡使用目標管理，尤其是層層下達的瀑布式目標。在此同時，前線員工對目標管理則是

---

* 涉及了「內部評量者的可靠性」，這是另一項雖然挑剔、但十分重要的事實。我們將在第 5 章中解釋，何以 360 度評量其實並不可靠，以及為何績效評量大有問題。

感到反直覺、呆板、虛假，甚至感覺遭到羞辱，為什麼？

　　唉，在真實世界就是如此。首先，很奇怪地，當你坐下來寫你的目標時，你其實已經對你即將做的工作有相當概念了；畢竟，你並不是等到週一早上進辦公室之後，才開始急忙釐清自己該做什麼。因此，目標訂定流程要求你做的，其實是寫下你已經知道自己將做的工作；你的工作目標並不是走在你的前頭，在前方拉著你，就像我們那位準備跑馬拉松賽的朋友設定的目標那樣，你的目標其實是落在你的後頭，一路被你對自己將做的工作的既有了解往前拉。

　　而且，目標的常見分類 ── 策略目標、營運目標、創新目標、人事目標等，其實是很奇怪的東西，因為工作並沒有這樣的分類。你不會這麼思考規劃你的工作時間：「嗯……週二我要做一些營運性質的工作，希望可以在週四下午有點時間搞搞創新。」工作通常是專案形式，有截止日期和必須交付的東西，例如報告、產品之類的成果，因此當你被要求把它轉化為分類目標時，你（以及絕大多數的員工）只能捏造胡扯，把工作強加分類，希望沒人會太認真計較。

　　雖然你的團隊領導人希望你做的工作，能和他們想要你做的工作一致，這並非不合理，但為此訂定他們的目標之下的子目標，或是根據他們的目標來檢視你的目標，其實是滿奇怪的做法。你的團隊領導人通常知道你在做什

麼工作，因為在真實世界裡，你時常會告訴他們這些。若你正在摺紙，他們想要你縫被子，他們會告訴你。幾天之後，因為情況變化，需要你把重心轉移去吹玻璃，他們也會告訴你。縱使他們沒有告訴你，你繼續做某件工作，而這件工作突然間不符合現況需要，他們想和你溝通時，最不會採取的做法就是回頭把你之前寫下的工作目標表拿出來，修改你的目標，期望你注意到這些修改。瀑布式目標尾隨在工作之後，並不是走在實際工作之前；在真實世界裡，訂定目標更像是一種記錄系統，不是執行工作的系統。

此外，你訂定並寫下你的工作目標之後，很容易不再回頭檢視你的目標；照理說，若目標的功用之一真的是要指引你的工作，你應該會不時回頭檢視才對。

那麼，到了年底，你應該根據目標來進行自我評量的時候呢？你的上司可能以為你在對過去一年進行誠實、認真的反省，但你可能試圖在下列兩者間尋找模糊的甜區：一方面自信表示你達成所有目標（這可能使你顯得有點自大、膨脹），另一方面又承認有些事情未如計畫進行（這可能讓你的上司或一些更高層的上司，有藉口降低你的年終獎金。）換言之，**針對目標進行自我評估，其實並不是在評估你的工作表現，而是小心地在做自我行銷和政治定位，琢磨該誠實揭露多少，又該謹慎藻飾多少。**

我們不是在批評你，小心琢磨你的自我評估，以找到這個甜區，是對一個怪異處境的務實反應。公司要求你用

一份抽象的目標清單進行自我評估，這些目標在你寫下的幾週之後就已經變得不切實際了，公司要求你做沒有意義的事，還要假裝很有意義，這足以使你有點抓狂。

你的團隊領導人也有很好的理由抓狂，在年度或季度結束之後，他得坐下來，對著好幾份目標表格，在你許多個月前輸入的每項目標下方寫上一、兩句評語，陳述你在每項目標上的表現。試問，他心裡怎麼想？主要大概不是在想你這個人或你的工作績效如何，而是如何盡快完成這一大堆「目標評量表」，好去做他的待辦事項。

跟你一樣，你的主管也覺得很煩，覺得這是在浪費時間，因為擺在眼前的是你在好久以前認為你可能會做的一些事，硬把它們區分成各種類別的目標（當時你心想，這樣分類，應該可以過關吧！）當時的你，盡可能把它們寫得漂亮，好讓閱讀的人留下好印象，而現在這份表格上，加入了你小心琢磨的自我評量。你的主管知道，在很早以前，工作就已經改變了，跟這份目標表格上寫的東西沒多少關連性；在實際執行工作時，他也已經跟你說過，你的表現如何了 —— 這一整年下來，他經常跟你談到你的工作表現如何。在他看來，填寫這些表格是佯裝成管理的文案工作中最糟糕的一個，所以他最後寫些無關痛癢的評語，希望若這些評語比去年的短，也不會招來任何人抱怨。

在真實世界裡，有工作 —— 你必須做的事；在理論世界裡，有目標。

工作在你眼前；目標在後方——它們是你的後照鏡。

工作是具體且詳細的東西；目標是抽象的東西。

工作快速變化；目標變化緩慢，甚至完全不變。

工作使你感覺有動力；目標使你感覺自己像是一部機器裡的一顆齒輪。

工作使你感覺受到信任；目標使你感覺不受信任。

工作是工作；目標不是工作。

但其實可以不必如此，目標可以變成一股好的力量。

有效設定目標的方法是：由實踐者自發性設定

再來看看我們那位要去跑馬拉松賽的朋友：她把她認為有價值的一項事物（健康體適能），轉化成一項具體的成就（馬拉松賽），把它轉化成一項真實的事物。這才是目標的功用：幫助你展現你的價值。目標若要成為最佳機制，就必須有效幫助你把內在的你表現出來，讓你和其他人能夠看到，並且獲益；你的目標定義了你想在世界留下的足跡。

這意味的是，**訂定一項好目標的唯一條件就是：必須讓實際實踐這項目標的人，自發地訂定這項目標。**目標必須是出自「你」，你用目標來表達你認為有價值的事物，這樣的目標才有用。目標未必得是SMART或BHAG，不需要KPI，或使用OKR；想要設定一個有用、能夠幫助你貢獻更多的目標，唯一的條件就是必須由「你」自發性地

為自己設定目標。任何從上而下為你設定的目標，都是沒有效的目標。

不過，這不是說在組織中，任何東西都不該瀑布式地往下推。由於訂定目標的唯一適當做法是：用它來表達個人認為最重要、最有意義的事物，因此為了在公司中做到團結，公司應該盡所能確保每個員工了解什麼事最重要。因此，真相是：

第一流的公司不是把目標層層下達，而是把意義層層下達。

意義與目的，才是公司應該推行的方針

研究最佳團隊時，我們獲得了這個真相的第一條線索。當你有一項如同我們在本書第1章提出的八道調查題目這樣的衡量工具時，你就可以做所謂的「因素分析」（factor analysis）。基本上，因素分析告訴你，你的調查題目在衡量多少不同種類的東西 —— 統計學上稱此為多少的「群集」（clump）。多年來，我們研究過許多公司、許多團隊之後，在這八道調查題目中，只發現了一個因素 —— 亦即這八道題目只提供了一種體驗群集的啟示，我們稱這個群集為「敬業度」。

但是，我們在分析思科系統的調查數據時，發生了意料之外的事。首先，在分析的某個部分，八道調查題目中的兩道，表現得不同於其他六道題目；我們不確定這代表

什麼意義，而且這種現象並未出現在分析的其他部分。後來，我們進行因素分析時發現了原因：第二個因素出現了，這第二個因素由下列這兩道調查題目構成：

1. 我對我們公司的使命十分熱情。
2. 我對公司前景充滿信心。

於是，我們開始把這兩道題目視為「公司」因素，其餘六道題目則是「團隊」因素，這兩個因素結合形成「敬業度」。

在此要澄清一點，對公司的使命感到振奮，對公司的前景有信心，這些跟「公司」有關的東西，仍然因團隊而異；高效能團隊對這些題目的評分，仍然不同於低效能團隊，亦即這兩道題目仍然可以解釋團隊績效。但是，在此同時，這兩種感覺可能不是源自團隊內部，它們不像其他六種東西那樣，明顯源自團隊內部，例如安全與信任、卓越感、富有挑戰性的工作等，這兩種感覺似乎源自團隊之外，然後在團隊內部變得擴大或減弱。

換個方式來說，一支團隊可以自行照料它的許多需要，但團隊本身顯然無法憑空創造更大的使命感及前景信心。因此，除了幫助團隊及其成員即時了解真實世界的變化，公司也必須讓他們知道大家正在試圖攀爬哪座山。簡言之，公司應該層層下推的，不是目標，不是行動指令，而是意義與目的。

最卓越的領導人都知道，員工很聰明，不需要透過訂

定年度目標來迫使他們團結。這些領導人致力於為同仁的工作提供意義與目的，真正重要的是使命、貢獻和方法。這些卓越的領導人知道，在充滿這種意義的團隊裡，每個人將有足夠的聰敏與幹勁，自發性地訂定展現意義的目標。這種共同的意義創造出團結，而這樣的團結是浮現出來的，不是強迫出來的。瀑布式目標是一種控管機制，瀑布式意義是一種釋放機制，為每個人的工作脈絡注入了生命，但把選擇、決定、排序、訂定目標等的掌控權，授予真正了解真實情況、有能力採取行動的人身上，那就是團隊成員。

一個常見的普遍假設是，工作中的績效欠佳，肇因於欠缺團結行動，因此需要訂定目標。這是錯誤的假設，我們真正欠缺的是意義，我們欠缺對工作目的的清楚了解，欠缺真心信奉的價值觀，我們賴以決定如何執行工作。員工不需要被告知應該做什麼，他們想被告知為什麼。

駭客路1號上的遺跡

為了了解瀑布式意義與目的的實務運作，接下來我們來看兩個例子：臉書的馬克·祖克柏（Mark Zuckerberg）和雪柔·桑德伯格（Sheryl Sandberg），以及福來雞速食連鎖店的特魯特·凱西（Truett Cathy）如何做到這件事。雖然年紀、信仰、地理和公司產品不同，他們全都執著於在組織內部瀑布式下推意義。由於這兩家公司最近都

面臨挑戰，臉書因為不當使用顧客資料而受到質疑，福來雞則是因為反同性戀的立場而引發爭議，因此你可能會問：我們為何要選擇這些人作為例子？理由如下：沒有人是完美的，若我們想向真人學習，那麼就必須向不完美的人學習，我們該做的是辨識這些人及他們的公司，有什麼有益、值得我們學習的地方。

十年前，為了釐清公司的使命，祖克柏在一篇貼文中指出，臉書的目的是要使世界變得更加開放與連結。在我們撰寫這一章的內容時，他對這項使命作出有意義的小修改，他說：

> ……我們正在對臉書作出重大改變，我改變我給產品團隊的目標，從原本的幫助人們找到切要內容，變成幫助人們獲得更有意義的社會互動。[3]

你可能看不出差別，但祖克柏看得出來，所以一如過去十年間，他每隔六個月就做的事，現在他刻意向世界宣布另一項差別；更重要的是，他向員工作出這項宣示。這就是祖克柏所做的事，他非常嚴肅看待他的價值觀，以至於每當他獲得了一項新洞見時，就會作出調整、修改航向，再調整與學習，然後再調整，最後鄭重向世界宣布他所作出的調整。

這些焦點的小調整，以及伴隨而來的對外宣布，在一

些人看來，可能會覺得小題大做、自命不凡，自我陶醉於微小的差別；但是，對祖克柏和桑德伯格來說，他們是堅持不懈讓臉書團隊知道什麼才是真正重要的事，隱含的訊息是，若你不重視他們重視的東西，那麼你很可能加入了跟你格格不入的團隊。其實，這些訊息的持續迭代與「改進」，本身就是訊息的一部分，因為祖克柏和桑德伯格傳達的意義，不只是幫助世人更加連結彼此，他們也承認，這是一項仍在施工中與持續改進的工作，如同在製品。

桑德伯格在其暢銷著作《挺身而進》（*Lean In*）中，以及祖克柏在其無數的部落格貼文和國會聽證會證詞中，都很清楚表示，他們未必凡事都懂。但是，他們知道，他們想在臉書公司打造什麼，儘管他們並非總是知道該如何做 ── 你也一樣，我們任何人都一樣。他們告訴我們的是，他們和臉書的每個員工，都會持續不斷地實驗，作出調整與修補。

若你在週四入職臉書公司，你將在週五參加入職訓練，在週末撰寫與修改程式，而且很可能在下週一就得把程式交出去。在臉書，一切的步調都很快，該公司的地址 ──「駭客路1號」（1 Hacker Way）── 強化了這種氣氛。若這個象徵沒有引起你的注意，沒關係，還有「駭客公司」（The Hacker Company）這個大大的招牌，傲然懸掛在該公司園區廣場旁邊一棟建物的外牆上，那是從佛羅里達州一條商業街買來的。

這類東西 —— 招牌、地址，不同於我們在第 1 章看到的那些旨在吸引你加入公司的文化彩羽，它們的存在是為了幫助員工了解大家該朝向何處 —— 我們的工作是為了什麼、有何意義？事實上，臉書整個園區的建構方式，看起來就是意圖活現祖克柏和桑德伯格的意義，許多建物的外觀呈現了法蘭克・蓋瑞（Frank Gehry）傑作的流暢美學與持久活力，內部裝潢則是呈現了濃厚的「暫時性」，感覺公司昨天才剛搬進這裡，明天可能就會遷出：水泥地板，開放式的空調管線，角落堆放了一堆鍵盤，牆上用圖釘釘上手工製作的海報。

幾年前，當我們造訪臉書園區時，注意到每間會議室的門都是玻璃門，門上刻了一個標誌。在這座占地面積大如一座美式足球場的建物，每扇玻璃門上都是相同的標誌。這裡是臉書的辦公室，臉書員工在這裡撰寫、輸入臉書的程式，若這個標誌是臉書的標誌，那就沒什麼不尋常的了，但是這個標誌，是昇陽電腦（Sun Microsystems）的標誌。

「那些標誌是什麼意思？」我們詢問臉書園區的設施主管。

「喔，那個啊，」他說：「因為這裡以前是昇陽電腦的建物。」

「你們買不起新門，刻上臉書的標誌嗎？」我們問。

「當然買得起啊！」他回答：「可是，馬克和雪柔決

定留下門上的那個標誌，因為可以提醒大家，若你不快速做出決策、快速行動，找出更好的解方，可能就會步上昇陽電腦的後塵。」

望向四處的牆面，你將會看到這家公司的另一個奇特景觀：海報，實體印刷海報。外面、會議室的牆上、接待櫃台後方的牆上，張貼了一張又一張的海報，每張海報內容宣示某人熱中的某樣東西、某個嗜好、某起事件或某項活動，例如潛水滑板運動、反性侵運動「到此為止」（Time's Up）、「黑人的命也是命」（Black Lives Matter）運動，或是本地的挑彈圓片進桶遊戲（tiddlywinks）群組等。等等，一家高科技的數位媒體公司，怎麼會出現海報這種舊經濟時代的東西呢？這全是臉書言明的使命 —— 促進、強化人際連結 —— 的一部分，若你希望人們和其他人連結，就必須對他人的興趣和熱中之事感到好奇，並且設法彰顯、頌揚這些熱情。就像我們也曾在遠古的洞穴牆上作畫，張貼自己的海報，藉此了解彼此。

透過這些刻意的行動，祖克柏和桑德伯格把他們的意義，下達給他們第一流的團隊。雖然我們可以爭論其結果，或是擔心臉書的側重速度與連結，傷害了安全性與正確性，但我們仍然能從它的側重速度與連結中，學到一些東西。

祖克柏和桑德伯格告訴員工，若你喜愛真誠的人際連結，你將會在臉書公司找到意義。若你喜愛「未來是在製

品」這個概念，你將會在臉書公司找到意義。若你喜愛速度勝過美麗，你將會在臉書公司找到意義。

但是，若你想要美麗 —— 經過仔細考慮、嚴格、精準、完美的美麗，那麼臉書公司並不適合你。若你想要生活在事情要不就是還沒開始、要不就是已經完善，但絕對不介於這兩者之間的世界，那麼你不應該加入臉書，應該到幾英里外的蘋果工作。在蘋果公司，他們看起來絕對不像昨天才剛搬進來，明天可能就要遷出；那裡看起來就像一艘外星人的太空船 —— 完美的圓形，完整，徹底竣工，降落在庫柏蒂諾（Cupertino）市中心，只歡迎那些被美麗的封閉系統吸引的人。如果那是吸引你的東西，那是你找到意義的地方，你應該到那裡工作，不是臉書，因為臉書挑不起你的熱情。

一家比哈佛大學更難加入的速食連鎖店

福來雞速食連鎖店是全球最賺錢、成長最快的速食店，這可能令許多人感到驚訝。臉書的成長當然跟網路效應的力量有關，谷歌的成功可以追溯其搜尋引擎的壟斷力量，亞馬遜倚恃它的先發者優勢及不顧利潤以穩固其領先地位。但是，福來雞速食連鎖店有什麼呢？它有雞肉三明治、格格脆薯塊和奶昔，雖然全都特別好吃，但似乎不夠差異化到足以解釋該公司超乎尋常的持續成功。

福來雞速食連鎖店有的是它的創辦人特魯特·凱西，

他跟臉書公司的領導人一樣，一板一眼、堅持不懈、刻意活現他相信的意義。

不同於臉書公司的永不停止工作，福來雞速食連鎖店在週日是不營業的，儘管一週多營業這一天，將會提升營收與獲利。為什麼？因為凱西是虔誠的基督徒，嚴格遵守《聖經》的訓諭：星期天是安息日。

星期天不營業的政策，堪稱為凱西對團隊下達意義的方式最明顯的例子，另一個比較不那麼出名的方式，是福來雞速食連鎖店的加盟合同。一般的加盟合同旨在透過品牌乘數來利用資本 —— 加盟總部提供品牌，加盟商提供資本；加盟總部挑選加盟商時，根據的是加盟商能夠帶來多大、多穩定的資本，而加盟商在評估加盟總部時，考慮的是品牌的強度和吸引力。加盟總部的目標是取得大量資本，加盟商的目標是盡可能擁有許多分店；舉例來說，麥當勞的最大加盟商阿科斯多拉多斯控股公司（Arcos Dorados Holdings Inc.），旗下有兩千多家分店，年營收超過45億美元。

福來雞速食連鎖店的加盟合同不是這樣運作的，作為福來雞速食連鎖店的加盟商，不論你有多少資本，都無法擁有兩千家分店，你只能擁有一家分店。*你愛砸多少錢

---

* 例外是，若你的第一家分店開在購物商場裡，福來雞速食連鎖店允許你開第二家獨立式分店，但95％的營運商只有一家分店。

在你的福來雞速食連鎖店分店都行，但這不會讓你可以開設更多分店，自凱西在1950年代中期制定這份加盟合同以來，合同就從未改變過。在創立福來雞速食連鎖店時，凱西就決定，他的公司的使命主要不是賣雞肉，而是要培育當地社區的領袖。

有些人可能會嘲笑這項使命，但凱西一直忠於這項使命，並且根據這項使命來制定他的加盟合同。他認為，若他要培育當地社區的領袖，就必須確保他引進作為加盟商的每個人，有充分理由和當地社區保持密切關係。為此，他認為最好的方法，就是讓這些領導人留在店內，而確保這一點最好的方法，就是讓他們只擁有一家店。他認為，若你只有一家店，你將總是待在店內，貼近你的顧客，貼近你的團隊人員，非常了解每個人關切的事，知道這個社區在關心什麼、在擔心什麼。歷經時日，你將對這些需求作出反應、採取行動，因此假以時日，你將成長為這個社區的領袖。

基於這個純潔願景，凱西制定了這份獨特的加盟合同，他在挑選加盟商（該公司稱為營運商）時，不是看他們的資本大小，而是看他們對社區的投入程度。若你心想，這雖然可以構成一個美好的故事（你常聽到的那種創辦人傳說），但在二十一世紀的第二個十年，這不可能是真的；那麼，我們要讓你知道這個事實：時至今日，縱使你沒有半毛資本，也可以成為營運商，但福來雞速食連鎖

店在挑選這些未來的社區領袖時，審慎嚴格到什麼程度呢？想成為營運商，比進入哈佛大學還難。

多年來，福來雞速食連鎖店無疑嚇走了原本可以幫助品牌壯大的不計其數資本，但它贏得的是擁抱凱西所信仰的意義的數萬人，這些地方領袖是這個組織的要角。該公司每年會舉行名為「研討會」（Seminar）的活動，讓這些人匯聚一堂，活動的精彩內容之一是媲美雜誌的相片、故事和褒揚，全都在頌揚每位營運商對社區作出的特殊貢獻。在每次的研討會上，最佳營運商被逐一邀請上臺，講述他們的故事。

如何有效傳達意義？

不過，這當然不是說馬克・祖克柏、雪柔・桑德伯格或特魯特・凱西是完美的典範，他們不是，我們也不認為他們當中任何一個會如此自詡。但若你想在你的團隊或公司中創造團結，你可以從他們堅持不懈、一板一眼、刻意滲透式下達意義的做法中學到三件事，妥善傳達你相信的意義。

一、清楚表達價值觀，透過你刻意彰顯的事物。這不是說你應該把你的「價值觀」真的寫出來，很多領導人和公司刻意這麼做，得出一份俗到跟罐頭音樂差不多的泛泛價值觀，例如：誠正、創新或團隊合作（老天爺，還能夠更俗一點嗎？），然後納悶為何沒啥效果。請你發揮一點

創意，把你想向員工傳達的意義活現出來，別告訴他們你重視什麼，展示給他們看。你想讓他們在工作中看到什麼、遇見什麼？臉書公司留下昇陽標誌、對海報的熱愛，以及「駭客公司」的大招牌，全都是生動的例子。

你表達的價值觀是什麼？你在牆上「寫」了什麼？當你的人員走進門時，看到了什麼？當他們左轉時，看到了什麼？那些東西在在告訴他們，你是怎樣的人。

二、藉由慣例，將意義層層下達。 臉書每兩個月舉辦一次駭客松；福來雞速食連鎖店週日不營業；沃爾瑪（Walmart）和山姆俱樂部（Sam's Club）的創辦人山姆·沃爾頓（Sam Walton），有一項每週五慣例，直到他的體能無法再做為止：他會挑選一家分店，把一條走道末端貨架陳列的商品更換一下，週六再回來看商品的銷售情形。這是他的版本的「快速市場情報」（quick market intelligence, QMI），藉此向員工傳達一個訊息：他深信 —— 包括老闆在內 —— 沒有人比顧客本身更了解顧客的腦袋。

你其實已經有你自己的慣例了，不論它們是有意識或下意識而為的慣例，這些慣例 —— 你重複做的事 —— 向你的人員傳達什麼東西，對你來說是重要、有意義的？若我們跟隨你一週的時間左右，就能夠看出你的慣例。比方說，你有會議必須參加，你大都在何時現身？提早五分鐘，或是遲到五分鐘？你通常穿著什麼服飾出席呢？在會

議一開始，你會先和團隊成員聊聊他們的私人生活，或是直接進入主題呢？誰先開口？你容許團隊成員發言嗎？還是會打斷他們說話？會議通常很冗長嗎？你會阻止他人把話說完嗎？

這些全部都是你的慣例，我們、你的團隊，全都看得出來，並且對它們作出解讀、得出結論，不論你是否想要我們這麼做。所以，問題不在於你有沒有慣例，問題在於：你是否審慎看待你的慣例所傳達的訊息。

想要了解慣例的力量，我們來比較臉書的慣例和史帝夫・賈伯斯（Steve Jobs）的慣例。每週結束時，祖克柏或桑德伯格會前往公司最大的員工餐廳，舉行全員會議。任何員工皆可隨心所欲提問，這兩位高階領導人承諾，將會盡所能作出回答。這些會議的目的，並不那麼拘泥於回答的實質要義，而是要強調臉書非常重視透明化與坦誠，以至於高階領導人每週都會開闢一段時間來做這件事。

反觀賈伯斯，重視美學遠勝過坦誠，因此他的全員會議看起來很不一樣，這些會議每三個月左右舉行一次，外界很容易會誤以為是產品發表會。在每次的「產品發表會」上，賈伯斯非常詳細地描述每項蘋果產品的漂亮設計、軟硬體的錯綜複雜生態系，或是內容與程式的精良整合，當我們這些消費者對新產品驚嘆連連之際，真正的聽眾 —— 蘋果公司的員工 —— 則是邊看邊作筆記。他們知道，他們的領導人在頌揚美學的價值，在頌揚為美而美的

價值,在頌揚精緻創作帶給人的喜樂,他們則是傾身擁抱這個共同意義。

否則,他們會抽身離去,轉往臉書公司工作。不論如何,這個「產品發表會」已經達到目的:賈伯斯對所有團隊下達他的意義。

三、說故事。福來雞速食連鎖店透過研討會上的營運商小檔案,讓說故事變成一門藝術。該公司會花時間前往每個營運商的分店,拍照,了解營運商的家庭與所在社區,為的是和公司全員分享這些故事。

許多頂尖的領導人都是說故事的高手,不是寫小說或劇本的那種說故事,而是透過在會議、email或電話中講述小插曲、軼事或事件,向下傳達他們相信的意義。他們經常講述這些小故事,因為他們選擇講述的故事,傳達了他們重視的東西。故事幫助我們了解這個世界,它們是人性化的意義,因此宗教述說彌賽亞的故事和寓言,幫助我們學習意義;也因此,你能夠從團隊成員自述的故事中,看出什麼東西對團隊而言相當重要。

把範圍拉大一點來看,若你在英國待過一些時間,就會發現,英國人會滔滔不絕談論的戰役有三場:十九世紀中期克里米亞戰爭(Crimean War)時期的輕騎兵的衝鋒(Charge of the Light Brigade),二次大戰時期的不列顛戰役(Battle of Britain),以及敦克爾克大撤退(Dunkirk evacuation)。當然,一個國家一再講述早已過去多年的

戰役，沒啥好奇怪的，但奇怪的是，在這些戰役中，英國人都不是勝利者 —— 輕騎兵的衝鋒是一場傷亡慘重的災難，不列顛戰役和敦克爾克大撤退主要著眼於避免失敗，而非取勝。那麼，為什麼英國人經常談起這些戰役呢？

因為這些戰役定義了我們英國人認為最重要的意義：我們永不放棄，我們永不投降。我們看重決心與堅毅，勝過勝利，因此我們喜愛講述一個又一個堅持下去的故事，雖然最終通常並未以勝利收場。*這麼做，我們創造了共同的意義。

你也會說故事 —— 不論你知道與否，而且你經常說故事，幾乎在每個談話和每場會議裡，你都在講述故事。你經常說什麼故事呢？它們傳達了什麼你認為有意義的東西？

伊森的目標

身為領導人，你試圖讓團隊成員發揮判斷力、抉擇力、洞察力和創造力，但如同前兩章所述，我們採取了很多做法都沒啥成效，我們把資訊隔絕在計畫系統裡，透過目標訂定制度層層下達指令。更好的做法是，我們應該透

---

* 再舉一例：英國最知名的探險家，不是成功救回受困在南極冰天雪地的團隊的歐尼斯特·沙克爾頓（Ernest Shackleton），也不是第一個發現澳洲的歐洲人詹姆斯·庫克（James Cook），而是羅伯特·法爾肯·史考特（Robert Falcon Scott）。他在南極洲探險之旅中，想成為第一個到達南極點的探險隊，但輸給另一個競爭者 —— 挪威人羅爾德·阿蒙森（Roald Amundsen）率領的探險隊，落居第二，並且在回程中死於體溫過低與飢餓，但是他堅持到最後。他是我們英國人最常談論的探險家。

過情報系統釋出資訊;透過清楚表達的價值觀、慣例和說故事,層層下達意義。我們應該讓人員知道真實世界的狀況,讓大夥兒都清楚自己正在試圖攀爬哪座山,然後信任他們思考如何作出貢獻。他們所作的決策,必定比層層下推上級目標的計畫系統作的更好、更務實。

對伊森‧弗洛奎特(Ethan Floquet)而言,或者更正確地說,對他的母親而言,隨著每一年過去,他的瀑布式目標變成更加沉重的負荷。[4]伊森有自閉症,自童年起,他的母親每年被要求撰寫一份個別化教育計畫(individualized education plan, IEP),訂定她和她先生對伊森來年的教育目標 —— 他們對伊森的願景聲明,用來幫助和指引他的教育者和治療師。

但是,隨著時間過去,他們的目標變得愈來愈低;伊森顯然永遠無法獨立生活,在欠缺幫助下無法保有一份工作或結婚。他們對他的目標變得愈來愈小,討論他的發展的年度會議變得愈來愈黯淡,每年的IEP比上一年的更簡短,最後短到只剩下一個句子,當時伊森已經找到一個似乎露出一點希望的農場方案,他母親在那年的IEP上,只寫下一句願景聲明:「我們希望伊森能夠在這個方案中待上一整年。」翌年,他母親空手來到年度IEP會議,她並未事先撰寫願景聲明,她太忙了,而且年復一年重溫伊森的所有缺點,太痛苦了,她已經做了十八年。

但是,那年在母親毫不知情的情況下,伊森自己撰寫

了他的目標。當然，他完全不管別人對他設定的目標，改為聚焦在別的事情，撰寫自己的目標。下列是他撰寫的全文：

> 高中畢業後，我打算在前景草原農場（Prospect Meadow Farm）工作，直到退休，然後住在家裡，和我的家人一起生活。我想要繼續上波克夏丘陵音樂學院（Berkshire Hills Music Academy）的課程。在樂趣方面，我想打特殊奧林匹克運動會籃球，去我們位於佛蒙特州的木屋和紐澤西州海邊渡假，修剪草坪，蒐集名片。我未來的目標是搭乘PVTA巴士到鎮上採買；有朝一日，我希望學會開零迴轉割草機。

別人訂定的目標束縛我們，伊森撰寫自己的目標，獲得了自由。

謊言 #4

最優秀的人才是通才

　　去觀看梅西（Lionel Messi）盤球 ── 上YouTube，輸入「Best Messi Dribbles」（梅西最佳盤球），點擊任何一支影片（可能出現數百支影片，觀看哪支都行），你會看到一個有魔術雙腳的矮個頭男子，快速跑過一個又一個防守球員，直到進入罰球區，起腳射門。若你是足球迷，你應該已經看過他這麼做無數次；若

梅西最佳盤球影片

你不是足球迷，值得花點時間看看這個男人。所有對「卓越」感興趣的人，都可以受益於研究他超自然流暢的動作能力，我們可以好奇成因、分析技巧、拆解步驟，或者只是陶醉於他的流暢動作技巧，試著想像我們在生活中的何處，也能夠體驗到這樣的流暢。

　　梅西來自阿根廷的港口城市羅薩里奧（Rosario），他

一直是個速度很快的小孩，在他的母親拍攝他最早參加的足球賽影片中，你可以看到他盤球疾跑過一個又一個對手，彷彿球上有根線一路拉著他。他是如此耀眼的一個足球神童，吸引了大西洋彼岸的巴塞隆納足球俱樂部（F.C. Barcelona，簡稱「巴薩」）球探，13歲的梅西，從家鄉被帶到巴塞隆納足球俱樂部的青訓營 —— 拉瑪西亞（La Masia，意為「農舍」）。

梅西11歲時被診斷出患有生長激素缺乏症，所以俱樂部給他注射生長激素，等待他的個頭趕上他的天賦。生長激素雖使梅西的身高有所長進，但成效有限，最終他只長到五呎七吋（約170公分），而且一直相當瘦弱，就像布宜諾斯艾利斯貧民窟街上玩耍的小孩。不過，這似乎沒啥影響，他的天賦太非凡了 —— 不論他跑得多快或改變方向，球彷彿磁鐵般吸住他的鞋子，因此不夠高壯的身材，就變得無足輕重了。梅西17歲時加入巴薩一隊，自此證明他是世上最佳足球員；在許多人眼中，他是有史以來的最佳足球員。現在就請你好好花點時間，仔細觀看他的球技，因為我們可能再也看不到能夠媲美他的足球員。

黃金左腳

雖然這些YouTube影片任何一支都能是精彩片段，其中最能看出梅西天賦的是2015年西班牙國王盃（Copa del Rey）決賽對上畢爾包競技（Athletic Club de Bilbao）時攻

門得分的一球。這一球，值得我們花點篇幅在此詳述，因為他在短短幾秒鐘內的表現太驚人了，尤其是最後的臨門抽射，這個精彩片段顯露梅西異乎尋常的才能與基礎。

他在過半場線處接到隊友的傳球，球在他腳下暫停片刻，一名防守球員在他前方，對手的其他球員在他和球門之間擺出防守陣勢。接著，彷彿突然有個想法浮現在他的腦海，他把球稍微盤向左邊，旋即轉向右邊，防守他的那個球員束手無措，梅西開始沿著右邊線快速盤球前進。三名防守球員包夾他，試圖把他逼至邊角，不讓他靠近球門。梅西放慢一秒鐘，右肩稍微下垂，馬上往左邊加速，把球挑過一名防守球員的雙腳；擺脫這三名防守者後，快速向罰球區推進。另外兩名畢爾包球員衝過來防守他，但梅西如鬼魅般閃過這兩個新威脅，雙腳繼續不停地盤球快速前進，此時球來到他的左腳下，完美的起腳位置，他起腳抽射，進球！巴薩球員衝過來擁抱他（只有足球賽可以這麼做），當他走向半場線，準備恢復比賽時，就連畢爾包的支持者，也欽佩地為他鼓掌。

反覆觀看這個精彩片段，你會發現許多令人驚奇的特點：他那從零到最高速的瞬間爆發，他對場地和推向球門最危險角度的直覺，他反直覺決定把球踢向近柱等，不過最驚人的發現是：從過半場線不遠處一路閃過七名防守者直達禁區的過程中，他只用一隻腳控球。仔細計算他從起

跑到射門，你會發現，在19次踢球中，他只有2次使用右腳，其餘的盤球過程，乃至於最後的起腳射門，他都使用左腳。

點擊其他影片，觀看梅西卓越的盤球技巧，你會發現，他幾乎都只用左腳控球。他使用強左腳和弱右腳的比率恆常保持在10：1；相較之下，右腳型C羅（Cristiano Ronaldo）的這個比率是4.5：1。換言之，梅西不僅是個左腳型球員，他在處理球時 —— 傳球、盤球、射門、鏟球等，幾乎全都只用左腳。

所以，梅西的左腳型是非常極端的，每支對手球隊當然都很清楚這點，但縱使已經預知他會一再使用他的左腳，他們仍然會被他晃過去、閃過去。梅西把他天生的左腳型修練到如此極致，讓它搭配如此的速度與精準度，使得它非但不構成一種限制，反而帶給他一貫、巨大、無比的優勢。

觀看他的表現，我們發現，取得這種優勢並不是他的理性盤算。當然，他一定練習超過一萬個小時，但是，在閃躲、朝球門推進時，他表現出來的不是勤奮與紀律，而是樂趣 —— 他的技法散發出純粹、無意識、擋不住的樂趣。看著他的腳盤球而跑，你看到了這個男人最充分、最棒、最真實的展現，也令我們欣喜、興奮，一如當我們看到某人發出獨特光芒。跟對手的支持者一樣，我們驚歎地看著這個矮個頭的男人，鼓掌、微笑。

重新定義長處：令你樂在其中的活動

梅西在世上最大型運動舞台之一的表現，你可能也曾在工作場合中遇過 —— 某個同事的表現，真的令你欽佩不已。某人做了一場風趣又清楚的簡報，令你欣賞地露出微笑。某人巧妙地結合同理心與實務，搞定了一個難纏的奧客，你佩服她怎麼能夠做得這麼容易。某人化解了一個複雜的政治情況，你崇拜地看著他，心想他究竟是怎麼做到的？人類天生傾向從觀看他人展現才能中得到樂趣，當一件事情被精彩執行、完成時，那種自然、流暢與純粹，能夠引起我們的共鳴、吸引我們，令我們感到陶醉。

當你體驗的是你本身的表現時，當你展現你的長處時，你就能夠體悟到梅西的樂趣。基本上，你感受到的樂趣，並不是從你對這件事的「擅長」而來，而是「從事」這件事所帶給你的感受。**一項「長處」的正確定義，並不是「你擅長的事」，有很多活動或技能，憑藉著你的理解力、責任感或有紀律的練習，你都能夠變得相當擅長，卻很容易感到乏味、無法打動你，甚至消耗你的心力。**「你擅長的事」並不是一種「長處」（strength），而是一種「能力」（ability）。沒錯，你能夠在一些並不帶給你什麼樂趣的事情上展現高超的能力，但只是短時間的。

一項長處的正確定義是：使你感覺做起來很有力的活動。這種活動對你而言具有一些特質，你還沒去做，就非

常期待；在你做的時候，時間似乎過得很快，這一刻和下一刻的的分界模糊；當你做完之後，可能感到十分疲憊，無法馬上再來一次，但心滿意足。這三種特殊感覺的結合 —— 事前的熱切期待，執行時的行雲流水，事後的滿足感，使得某項活動成為你的長處；這三種特殊感覺的結合，使你渴望一再去做這項活動，使你一再練習，並且興奮於再做一次的機會。長處吸引人的地方遠勝於能力；事實上，正是這種吸引力使人想要不斷地下苦工，最終產生卓越表現所需要的技能進步。

當然，也可能有一些活動，是你充滿興趣、但甚乏天生能力的。根據一位歷史學家，「走音天后」女高音佛羅倫斯·佛斯特·珍金絲（Florence Foster Jenkins）是：「世界上最差的戲劇歌手，她對樂譜的全然不顧，簡直是前無古人，後無來者。」[1] 作曲家科爾·波特（Cole Porter）得不停用拐杖敲著他的腿，才能抑制自己大笑她那最高無比的歌聲。可是，珍金絲熱愛唱歌，甚至還登上了卡內基音樂廳的舞台。

仔細看看珍金絲女士，或者任何熱愛某項活動、但表現很糟糕的人，你會發現，這樣的人熱愛的往往不是活動本身，而是活動帶來的附屬物。以珍金絲女士的例子來說，這個附屬物很可能是人們對一位公開表演者的注目 —— 童年時期的她，是個成功的鋼琴演奏者，甚至在白宮表演過，直到因為受傷，限制了她的鋼琴演奏，她必

須另闢上臺途徑。

我們有時看到某人對其平庸表現中短暫的出色片刻上了癮，於是此人一再做這項活動，為的是想要再次創造那些出色片刻。曾在高爾夫球場上揮出一記完美七號鐵桿，然後花費多年時間辛苦追求重現那一刻的人，應該很懂得我們在說什麼。不論如何，人類似乎天生無法深愛一項我們非常不擅長的活動，若我們熱愛這項活動，愛的往往是伴隨它而來的附屬物。

我們喜愛的是令我們樂在其中的活動，雖然未必總是能夠解釋原因，但有些活動似乎總是特別能夠帶給我們活力，使我們昇華至更美好、更有韌性、更富創造力的境界。當然，人人不同，每個人在不同的活動中找到樂趣，但人人都知道這種感覺。當工作確實帶給我們這種樂趣時，當我們確實感受到喜愛自己所做的事情時，就會感覺很棒。史提夫・汪達（Stevie Wonder）顯然對培養、貢獻個人長處有幾分了解，他說得精闢：「若你無法在你的工作中找到半點樂趣，你就永遠不會以你的工作為傲。你的最佳工作，永遠是你感到充滿樂趣的工作。」[2]

這就是作曲和歌唱工作帶給史提夫・汪達的，他樂在其中。這就是踢足球帶給梅西的，當他繞著防守者打轉，從刁鑽角度把球射進球門時，他樂在其中。當我們看到某人非常擅長工作，整個人散發出熱情，這就是我們看到的——他／她樂在其中。你的公司通常希望你能把工作

做到這樣，當你的團隊領導人說，他們希望你能有創意、能夠創新，能夠樂於合作、不怕挫敗、富直覺力、有生產力時，他們真正的意思是：「我們希望你的工作時間，充滿了能夠帶給你樂趣的活動，你必須完成的任務都能讓你樂在其中。」

高效能團隊的動力：工作與長處適配

奇怪且可悲的是，在企業界，這些觀察往往被撇開，這或許是因為企業界認為，企業就該講求嚴格、客觀與競爭優勢，至於追求工作中的樂趣（卓越工作績效的前兆），那是滿軟性的東西。在企業界，改正缺點 —— 不論有多困難 —— 似乎是不帶感情的鐵律；至於找到樂趣，那是作詩作詞的領域了。

但是，資料不會說謊，不論什麼產業，不論什麼國家，調查一再發現，在最高效能團隊的八個正字標記當中，有一個是團隊生產力的最強預測因子，那就是每個團隊成員覺得：「我有機會在每天的工作中發揮長處。」不論你的團隊做哪種工作，不論你在世界何地工作，當你的團隊有愈多成員覺得每天樂在工作時，你的團隊將最具生產力。

後來，我們心想：或許「每天」這樣的頻率太高了，或許我們應該只問人們，是否有機會覺得自己的長處和工作「很適配」，因此我們把「每天」這兩個字從題目中移

除，再調查一次，結果這道題目就失靈了——表示強烈贊同的人與團隊績效的關連性就消失了。顯然，你「每天」覺得你的工作和你的長處適配，是高效能的必要條件。最佳團隊的領導人，不僅能夠辨識每個團隊成員的長處，還能設計或調整角色與職責，使每個團隊成員覺得他們的工作，能夠讓他們天天發揮長處。當一個團隊領導人能夠做到這點，其他方面——賞識、使命感、明確表示期望等——全都會做得更好。當一個團隊領導人未能做到這點，其他方面的努力，不論是金錢形式的、頭銜、啦啦隊式的鼓勵或誘哄，全都無法完全彌補。

持續性的工作與長處適配，是高效能團隊的主操縱桿：拉動它，一切都會提升；不拉動，一切都會減弱。

本章至此所談論的東西，應該都不會特別令人感到驚訝。我們全都見過像梅西這樣展現傑出才華的人，並且因此感到興奮。我們看到同事的卓越，為他們的成功感到高興。我們體驗過和一項活動融合為一的那種樂趣，也體驗過透過獨特長處作出貢獻的那種驕傲感。就連我們調查獲得的資料，也應該不會特別令人感到吃驚，最佳團隊當然是以長處與職責角色適配為基礎。凡是在世上有足夠經驗的人，應該都不會覺得前述這些是什麼令人震驚的發現。

正因如此，我們才會更驚訝（甚至沮喪、鬱悶）於公司實際上並未致力於幫助我們辨識我們的特長，然後讓我們貢獻自己的特長。公司的制度、流程、技術、慣例、語

言和理念，顯示出恰恰相反的設計：用一個標準模範來評量我們，並且苦苦糾纏，要求我們盡可能變得符合模範。這一切都是基於這個謊言：最優秀的人才是通才。

職能模型的謬論

在你的職涯的某個時點，你將會撞上一個名為「職能模型」（competency model）的東西。一項職能是你必須具備、方能在職務上有優秀表現的素質，職能模型內含的素質類似如下：策略思考、目標導向、政治智慧、商業嗅覺、關注顧客等。職能模型背後的概念是，工作上的優異表現，取決於一組適切的職能，因此公司高階領導人被要求檢視一長串的職能清單（有幾千項），從中挑選出大家都認同每個職務的每個現任者應該具備的職能。

舉例來說，一個被廣為使用的職能模型指出五類職能 —— 核心職能；領導／管理／商業／人際關係職能；職務專業職能；職務技術職能；技術性工作專門職能 —— 再進一步列出每類職能的職能清單，例如核心職能包含22項領導職能、18項管理職能、45項商業職能、33項人際關係職能，總計118項。[3] 初級職務需要的職能項目較少或較簡單，愈往上層的職務，需要的職能項目往往變得愈多且愈複雜。在訂定每個職務要求的職能項目之後，領導人通常也會用1到5分的級別，來訂定期望的每項職能精熟水準，例如他們可以說，這個職務需要精熟度

至少3分的策略思考能力，關注顧客的能力則需要精熟度5分。

這整個架構——為全組織或組織一些單位每個年資、每個職務挑選要求的職能項目，以及要求的精熟度——稱為一個職能模型。在典型的職能模型中，一個職務可能被規定為需要精熟度不一的數十種職能。

截至目前為止，看起來就算有點不靈便，似乎也沒啥可非議的；一群主管一起規定他們覺得理想的員工應該是什麼模樣，這或許不是我們認為他們應該如何花用時間的第一選擇，但至少建立這樣的模型，並沒傷及任何人。但是，接下來發生的事，就把我們帶入更洶湧的水域了，因為模型一旦建立，職能就到處出現了。

你的經理和你的同事，將根據它們來評量你，你的整個工作績效評量，將有一大部分取決於你的每項職能水準。在年度人才盤點中，職能將是被用以描述你的績效與潛力的語言，若共識認為你具備所有要求的職能，你將被考慮晉升、加薪或被選任好差事；若共識認為你未具備所有要求的職能，或是在一些職能項目上水準不足，你將被告知必須參加相關訓練課程，努力向公司證明你已經填補落差。這些職能項目，將變成公司用來檢視你、了解你、評價你的透鏡。

所有主要的人資管理工具——公司用來保存有關你的資訊、支付你薪酬、配給你福利、晉升你、培育你、部

署你的企業軟體系統 —— 都是以職能模型，以及你和你的同事符合職能模型的程度為主軸而打造的。在這些平台當中的一個平台上，甚至有一部機器人接掌為團隊成員提供書面反饋意見的單調活兒。首先，團隊領導人從特定的職能要求清單上，挑選要評量哪項職能，接著再從一份行為清單上進行挑選（視團隊成員是否符合、達到或超越這項職能），然後觀看系統產生一個反饋意見的樣本句，決定是否調整這個句子，使它聽起來比較正面或不那麼正面（有增減正面程度的調節鍵可以調整），最終點擊完成，對某人的反饋表加上最後一句，全程不需要輸入一個字。

機器人製作出令人目光呆滯的乏味文章，例如：「芭芭拉……評估預算需求，全年檢視成本，辨識出適當的調整」，這些觀察是用幾個快速鍵產生的，完全不管（顯然也不在乎）芭芭拉是否真的做了這些事。[4]

不過，我們疑慮的，主要不是職能模型這種碾碎靈魂的自動化執行，而是它們體現的工作理論，現今組織做的許多事都是基於這個理論。這個理論大致如下：我們生活於充滿機器、程式和流程的世界裡，當這些東西故障時，我們必須找出錯誤發生的地方，修復失靈的東西。這個工作職能理論的第一個部分，把這種思維延伸推及人們的工作績效，所以公司用職能精熟度來評量你，告訴你你最低分的項目，亦即那些你最「故障」的部分，就是你的「發展領域」；改善績效的最佳途徑，就是努力不懈地聚焦於

這些領域。

然後，在工作職能理論的第二個部分，便用這樣的思維得出邏輯結論：若工作效能的改進來自修正短處，那麼高效能（卓越）必定來自去除短處，在每個職能項目取得高分。換言之，卓越是全方位高能力的同義詞，多才多藝的通才是更好的人才。

這個謊言就是職能模型專制的基礎，這個謊言頑固且十分普遍，想要看清楚真相，我們只須了解兩個事實。

職能為不定混合，無法證明通才是更好的人才

第一個事實：職能是無法評量的。 就拿「策略思考」為例，它是一種可能改變且易於改變的「狀態」（state），還是一種與生俱來、歷經時日仍然相當穩定的「特質」（trait）？在心理量測學領域，我們對這兩種現象的量測方法相當不同。

量測狀態時，我們可以設計問卷調查，詢問一個人有關於他的心境；或是製作是非題測驗，以判斷是否已經取得必要知識。一個人在問卷調查中回答的投票偏好，就是一種狀態，我們假定它可以改變，因此我們在第一個時間點讓此人接受問卷調查，然後提供此人新資訊，再於第二個時間點讓他再做一次相同的問卷調查，很可能會得出不同於第一次的回答。

舉例而言，心情是一種狀態，雖然每個人似乎都有獨

特的快樂點，但我們假定一個人在那點上的心情是可能改變的，因此我們在第一個時間點詢問某人心情如何，然後一個境況改變或發生，我們再於第二個時間點詢問此人心情如何，他的回答很可能不同於第一次的回答。同理，技能與知識也是狀態，若我們在第一個時間點測量你的某項技能或知識，然後針對這些領域提供你更多訓練，你在第二次測驗可能會作出更多正確的回答。這些全都是狀態，我們預期，狀態是會與時改變的。

另一方面，特質是一個人與生俱來的，例如性格外向是一種特質，同理心、好勝心、對結構條理的需要，這些也是特質。人人都具有一些獨特的性向，以及一再出現的思想、情感和行為型態，很顯然，雖然人人都可以經由學習，歷經時日變得更聰明、更有效於透過這些型態來作出貢獻，但是在我們的整個人生中，這些型態會一直持續下去。

特質是無法使用問卷調查或技能測驗來量測的，我們必須使用經過驗證的可靠性格評估來量測。最普遍使用的兩種性格評估是：自我評估（self-assessment），以及情境判斷測驗（situational judgment test）；前者設計一些句斟字酌的陳述句，讓受測者以「強烈同意到強烈不同意」的級別來評分，後者則是設計一些境況，提供一些可能的反應選項，讓受測者選擇哪種反應最符合自己。*

在評量某個東西之前，你必須先判定你在評量的這個東西是狀態或特質，才能夠正確選擇你的評量方法。回頭

來看前述這個問題：「策略思考」這項職能，到底是一種狀態？還是一種特質？若我們想要妥善評量，就必須釐清這點，而職能模型的整個目的就是要評量一些東西。若我們認為一項職能是一種狀態，就應該使用詢問人們心境的問卷調查，或是有正確與不正確答案的測驗來評量，不應該要求你的經理或同事來評量，因為他們不可能確切知道你具有多少這個抽象的素質。讓他們做這樣的評量，準確度差不多就像讓他們推測你的投票偏好，或是你在一份測驗中可能得分的準確度一樣。若我們認為一項職能是一種與生俱來的特質，就應該使用性格評估來評量，不應該叫你去上「策略思考」的課程，以期改進這項職能，因為若它是一種特質，那麼根據定義，縱使上課受訓，恐怕也不會帶來多大的改變。

但是，**關於策略思考、政治智慧等職能，真相是：它們是狀態與特質的不定混合。**舉例來說，我們不知道「目標導向」這項職能，究竟是源自你的天性，或是你學習得來的，抑或你被告知要這麼做。我們也不知道「關注顧客」這項職能，是你天生具備的特質，或是你學習得來的一項技巧，抑或某項技巧的不同運用等。評量效能的科學方法是，首先看什麼東西可以評量、什麼東西無法評量，

---

* 若你熟悉馬克斯的作品，「能力發現剖析測驗」（StrengthsFinder）就是自我評估的例子，而「職場天賦能力測驗」（Standout）則是情境判斷測驗的例子。

之後才來研究這些東西是否影響效能。但是，職能模型的方向正好相反，先列出我們覺得對工作績效重要的每種素質，然後才思考如何評量。但是，到了此時，解析一項職能到底是狀態或特質，已經太遲了，所以我們便求助於大家互相評量這些合成起來的抽象東西（可悲的是，既非評量狀態，也非評量特質），冀望能夠改善評量實效。

由於職能是不可評量的東西，因此就無法證明或反證「在某一職務績效優異的人，都具有特定一組職能」這個論點，這等同於無法證明「取得欠缺的職能後，工作績效就能優於那些未取得這些職能的人」；**簡單地說，就是無法證明多才多藝的通才是更好的人才。**前述這兩個無法證明的論點，結合構成公司在發展員工才能方面採行的多數做法的基礎，但兩個都是錯的；在任何同儕審查的期刊中，你找不到學術文章證明具備特定職能的必要性，也沒有學術文章證明取得你欠缺的職能後，就能提升你的工作績效。儘管這兩個論點立意良善，都是憑空想出來的，我們永遠無法得知是否正確。

卓越，其實是個人獨特性使然

且慢，你可能會說：經營企業的藝術，就是根據不全的資料來作出決策的藝術，不是嗎？企業人士領取薪酬，就是要在面對不確定性之下冒險，不是嗎？這些心理量測學的東西，是不是有點過分講究了？就算我們無法以可測

量的方式證明，取得一列職能可以幫助一個人在工作上績效優秀，仍然這麼做，有何不對呢？一個優秀的團隊領導人，當然應該鼓勵每個團隊成員辨識自己的能力落差，努力填補這些落差，以變得多才多藝、具備更多技能。每個人更接近多才多藝的理想境界，團隊和個人必定受益呀？取得我們欠缺的能力，這樣的過程就是成長嘛！

對於前述這些觀點，答案是：不。這就是我們要談的**第二個事實：對任何職業或活動的高效能表現所做的研究顯示，卓越其實是個人獨特性（idiosyncrasy）使然。**多才多藝的高效能者是理論世界的產物，在真實世界，每個高效能者都是獨特的，他／她的卓越正是因為他／她了解自己的獨特性，並且明智地加以培育、發展。

職業運動領域最容易看出這點。若我們要設計一足球隊中理論上的高效能攻擊手典範，我們不會創造一個個頭小、右腳起不了多少作用的梅西，我們可能會設計一個更像C羅的球員 —— 身材更高壯，左腳、右腳和頭都很使得上力。在網球界，我們的理論設計顯然會包含費德勒（Roger Federer）的流暢與優雅，但我們大概也想加入納達爾（Rafael Nadal）的肌肉、喬科維奇（Novak Djokovic）的自信，以及少許莫瑞（Andy Murray）的網前假動作。換言之，在理論世界，我們會挑選、混合我們認為更可取的素質。

但是，在真實世界，不論是足球員、網球員或團隊領

導人，顯然無人能這麼做。在真實世界裡，人人學習充分利用自己的能力；**成長，其實不是尋求如何取得我們欠缺的能力，而是尋求如何用我們已有的能力去增加影響力。**因為人人的能力不同，因此當你檢視團隊的優異表現時，你看到的不是多樣性的最小化，而是擴大多樣性；你看到的不是相同性，而是獨特性。

在最優秀的音樂表演者身上，我們也看到這種個人獨特性。我們預期愛黛兒（Adele）會嘹亮地唱出傷感情歌，但若我們要求蘿兒（Lorde）、海爾希（Halsey）、布蘭妮（Britney Spears）或麥莉・希拉（Miley Cyrus）的唱法或歌聲與愛黛兒相同，我們全都會像珍金絲女士在卡內基音樂廳舉行的演唱會上的聽眾那般瞠目結舌。我們或可主張，每個職務角色必須具備一些起碼資格，否則不管此人的其他天賦多麼傑出，他／她都無法成功──缺乏這些起碼資格，俗稱為「職場發展障礙因素」（career derailers）。但縱使在訂定起碼資格時，我們也必須審慎。

舉例而言，若我們在音樂技巧清單上包含「嫻熟樂譜」這一項，馬上就會淘汰一些著名音樂人，例如法蘭克・辛納屈（Frank Sinatra），他看不懂樂譜；艾爾頓・強（Elton John），他也看不懂。若我們在對鋼琴演奏者的要求條件清單上包含「有兩隻手」，古保羅・維根斯坦（Paul Wittgenstein）就會被排除在外了，這位古典樂鋼琴家在一次大戰時失去他的右臂，他後來委託那個年

代的著名作曲家為左手寫鋼琴協奏曲，若不是他，我們就不會有班傑明‧布里頓（Benjamin Britten）、保羅‧亨德密特（Paul Hindemith）、謝爾蓋‧普羅科菲夫（Sergei Prokofiev）、理查‧史特勞斯（Richard Strauss）、莫里斯‧拉威爾（Maurice Ravel）等人所創作的一些傑出作品了。

不過，這些全是極端的例子，可能令人覺得離真實世界太遠。當我們評量一份普通職務的長處與技能時，我們發現的是個人獨特性或多才多藝呢？

各行各業的卓越者，各有獨特的能力組合

1980年代初期，有一個人想找出預測工作績效的方法，他是唐納德‧克利夫頓（Donald Clifton）。他是一位數學家暨心理學家，他想要用量化辨識可預測一職務候選人在這項職務上成功的因素。

克利夫頓在一家名為「Selection Research, Incorporated」（SRI）的公司領導一支研究員團隊，該公司在1990年代被蓋洛普組織收購。SRI早期所做的研究之一是，為一家大型連鎖酒吧預測酒吧經理的成功與否，因為長久以來，一般認為平庸酒吧和出色酒吧的差別，有一大部分取決於酒吧經理的個性，但究竟是哪些個性，難以確定。一如往常，克利夫頓和他的團隊首先對這個連鎖酒吧績效最佳和績效普通的經理人進行問卷調查，問他們許多問題，例如：「管理員工的最佳方法是什麼？」，「對

員工的監督應該多嚴密？」等。

他們對績效普通和績效優異的酒吧經理提出這些問題，檢視他們的回答的差異，把回答並無差異的題目給剔除，最終得出108個似乎可以辨識出酒吧經理績效祕訣的題目。接著，他們進行盲測，把這些題目拿來問一群隨機挑選出來的不同經理（不知道這些經理的績效如何）；結果顯示，這些題目可以可靠、一貫地區分出最優秀的經理。

這些題目評估各種素質，包括酒吧經理的使命感、經理的本能應變計畫，以及經理培育其他人的能力等，研究人員想知道其中是否有一支或一小群「萬能鑰匙」──一再創造優異績效的素質。他們檢視最佳經理對各個題目的評分，發現了一件奧妙的事：最佳經理們的高評分項目不同，例如，甲經理在為酒吧營造某種氛圍方面的題目評分高，乙經理在存貨和預算管理方面的題目評分高，完全沒有型態；或者說，只有一種大型態──預測經理績效的唯一方法，就是看他／她的總分。研究人員雖然發現了一份酒吧經理能夠產生卓越績效的方法清單，能夠定義出每個層面的卓越，但一位經理在其中哪些層面表現卓越似乎沒差，只要能在某些層面表現卓越就行了。

而且，這並不是酒吧經理職能角色的一個異常形象，蓋洛普組織研究的每一種職業，包括銷售員、教師、醫生、管家等，全都呈現這樣的型態──**績效卓越者並未具備所有相同的能力，而是各自擁有獨特的不同能力組**

合。**在真實世界裡，每一種職業所出現的卓越，都具有個人獨特性。**

在多數大型組織內部的理論世界裡 —— 一個高度需要秩序和整齊的世界，每個職務角色的完美現任者具備所有能想像得到、能被定義的職能。但在真實世界裡，這些長串、定義複雜的職能並不存在；縱使它們存在，也不重要。若誠如奧斯卡・王爾德（Oscar Wilde）曾經說過的，英國人獵狐是在荒謬地追趕不可食的東西，那麼職能模型就是在漫無邊際地追求不重要的東西。

在真實世界，我們每個人雖然不完美，但致力於充分利用我們擁有的特質與技能的組合。把這件事做得最好的人 —— 那些在工作中找到熱情，並且以智慧和紀律來發展這種熱情的人，是貢獻最多的人。第一流的人才不是多才多藝的通才，以均一能力創造成就，恰恰相反；**第一流的人才是尖子（spikes），是拔尖人物，在他們的尖子領域發揮最大貢獻、獲得最快速的成長，也獲得最大的樂趣。**

職能模型背後的錯誤概念

這件事也不是什麼新聞，我們全都早已在某種程度上知道這點。從我們最早的學校記憶，到我們最近的工作體驗，我們非常熟悉這種想法：要是我能夠不必理會這些討厭的事，專注於我真正想做的事，我的表現一定大大不同。那麼，為何會存在這些職能模型，以及伴隨而來的

360度反饋評量、臉書工具和發展計畫呢？是什麼使得原本明理的人花費這麼多時間、精力和金錢，打造本質上無法證明成效，而且完全和我們的經驗相背的模型呢？

最簡單的答案是：雖然我們很清楚每個人都是獨特的，再多的訓練或糾纏，都無法去除這種獨特性，但是忙碌的團隊領導人，仍然難以招架下列這個事實：每個團隊成員的想法不同，需要的激勵不同，對關係的提示有不同反應，需要不同種類的讚美。誰有時間去應付那麼多細微差異的多樣性？最好還是訂定一個模型，用模型來管理吧 —— 所以，才會出現前文提過的反饋意見撰寫機器人。

在公司看來，一切都得靠控管。面對種種的多樣性，不僅性別、種族、年齡的多樣性，還有思想、需求、欲望，以及組織內部關係等方面的多樣性，大多數公司領導人的強烈本能是：尋求施加控管的方法，試圖約束一切，對混亂施以明確規範，從此就能了解情況、形塑未來。因此，公司持續花費大量的時間與金錢，試圖繞過每個人的獨特性，這些模型就是這麼應運而生。

這些模型嚴格、一絲不苟，訂定一組明確的特徵，藉以評量每個人 —— 就是蘋果與蘋果的比較，儘管在真實世界裡，總是蘋果與橘子的比較。這些模型許諾可以得出分析洞見，提供了解全體員工的途徑 —— 這些制度被稱為「績效管理制度」，不是沒有原因的，儘管聽起來有修辭上的矛盾。這些模型許諾提供事實、證據和真相，若一

個主管不知道詳細的事實，不能調節他眼前企業的刻度盤，以作出進展，這個主管還對得起他／她的職務嗎？雖然有愈來愈多的領導人，逐漸懷疑這些模型根本不能提供它們許諾的這些東西，但這是一個被淡化的困窘。

當然，可疑的不只是職能模型，還有它們背後的概念，包括：改進來自於修補缺點；失敗為成長之必要；我們的長處是應該被害怕的東西。

接下來各位會看到，當我們檢視卓越績效時，最驚人的發現不是卓越績效者沒有缺點，而是他們有一些特長，而且歷經時日鍛鍊，使用得更多。然而，矯治缺點的概念依然吸引著我們，為我們提供希望 —— 我們可以捕捉與馴服自身的不完美，藉由艱辛修補自己的不足，改善我們的缺點。事實上，這種修補通常甚乏趣味，但這也是引誘的一部分，由瑞·達利歐（Ray Dalio）創立、全球最大的避險基金橋水投資公司（Bridgewater Associates）的箴言就是：「痛苦＋反省＝進步」，在某種程度上，我們被這劑處方的冷酷明晰所打動。辛苦修補我們的缺點，似乎非常值得，是我們在世上的一種苦修補贖，我們被這種強身的苦行吸引。

至於失敗為成長之必要，這個概念之所以誘人，是因為失敗幫助我們了解自己的缺點，幫助我們發現更多缺點。現在，若一家科技公司不談論快速失敗，就會被視為有問題。電子商務公司Next Jump的創辦人暨執行長金查

理（Charlie Kim）說：「首先得去做，不論做得多差都沒關係，因為不先做，就無從改進」，這聽起來很有道理，但接下來則是錯誤的推論：「所以，開始吧！開始做，勇於失敗！我們已經變得善於改進，因為我們很善於失敗。」

顯然，若一家公司所做的，就只是變得非常善於以愈來愈多的方式失敗，而且失敗得愈來愈快，那麼它將是一個失敗。事實是，大成功是許多小成功累積起來的，因此改進的構成要素是：在每一次的嘗試中，找出行得通的東西，掌握重點，釐清如何做到更多。失敗本身並不會教我們有關成功的任何東西，就如同我們的缺點本身，並不會教我們有關自身長處的任何東西。當我們開始改進時，是某樣東西確實行得通時，不是行不通時。*

再說到另一個概念 —— 我們的長處是應該被害怕的東西，我們應該避免過度使用，理由是這樣將導致我們未能適當聚焦於失敗和缺點，導致我們懶惰、志得意滿。若我們能夠觀看傑出運動員的訓練情形，或傑出作家的寫作情形、傑出程式設計師的編程情形，我們將看到鍛鍊一項長處是很辛苦的，當你已經有高水準的表現時，追求水準的再精進，絕非容易之事；長處並非指我們已臻完美之

---

* 在本書撰寫之際，臉書正面臨多項政府調查，懷疑它的資料被用於影響選舉；優步（Uber）因為一輛自動駕駛車撞死了一位牽著腳踏車過馬路的行人，停止公司的自動駕駛車上路測試；雅虎（Yahoo!）早就失去舉足輕重的地位。任何人不大可能慶祝這些失敗，以及它們「快速失敗」的速度。

處，而是我們最被挑戰之處。可是，我們卻被告知要抗拒只運用長處的誘惑，要不斷地對我們的短處下工夫；用俗話來說，就是我們被告知：「別老是跑到你的反手拍區位。」[5] 這顯示了對長處的誤解，每個人的長處並不是他／她的表現最容易之處，而是他／她的表現最具影響力、最能增強之處。

我們絕不會叫梅西嘗試用右腳盤球、傳球或踢球，我們看著他努力不懈地把左腳鍛鍊得更強。「跑到你的反手拍區位」之所以成為一個叫你避開弱點的慣用語，正是因為這就是優異的網球運動員一再做的事，胡安・馬丁・德爾波特羅（Juan Martín del Potro）、納達爾，以及其他無數的網球運動員，都經常這麼做。這句話描述的是採取避開弱點、以施展長處的行動，* 來自最佳表現者的啟示是，這麼做有助於朝向高效能，而非遠離高效能。

但是，職能模型、360度評量、人才盤點、反饋工具等，全都建立於這些概念之上：最重要的是了解我們的缺點、擁抱失敗，慎防過度聚焦於長處。要澄清的一點是，我們並非在此提出一項絕對論，我們並不是說嘗試改善缺點是徒勞無益之事，也不是說我們不應該嘗試新事物，以免失敗。我們主張優先且顯著地聚焦於我們的長處與成功，因為這是取得最大優勢之處；但非常遺憾的是，我們

---

* 當球員跑到其反手拍區位時，便可以用正手拍揮擊落在此區域的球。

原本可以冀望用來發掘、發揮每個人獨特才能的那些制度，實際上反而在抑制這些才能，拒絕讓每個人維持獨特，最終它們並未幫助增進效能，反而阻礙效能。

最佳團隊領導人的三種策略

那麼，面對這一切，我們該怎麼辦呢？真實世界的最佳團隊領導人，如何打造優異團隊？我們的研究發現，最佳團隊領導人使用下列三種策略。

第一種策略是：著眼於想達成的成果。矽谷早期一家新創公司的一位團隊領導人面臨了一個不尋常的狀況，他把一名新進人員派去跟一位經驗豐富的工程師合作，這位經驗豐富的工程師抱怨這名新進人員傲慢、易怒，但更糟糕的是，他有非常難聞的體味，工程師建議團隊領導人應該開除此人。可是，這位團隊領導人看出這位奇葩的新進人員的非凡之處，想出了一種解決方法。他心想，只要兩個人不在同一時間共處於辦公室，改為來回傳遞、處理工作，就能夠共事了。於是，雅達利公司（Atari）早年，賈伯斯上夜班。[6]

職場上有很多因素，可能使你誤以為你的職責是控管，而職能模型可能使你在想方法這件事上失去創意與活力，其實身為團隊領導人，你的職責不是高效控管或採取特定方法，你的職責是達到成果。公司花錢請你，就是要你盡可能有效率、可預期、持續創造出特定成果，而且最

好以足夠的創造力、直覺和樂趣這麼做，以吸引你和公司未來需要的人才。道丁建立的英國戰爭地堡，麥克里斯托爾將軍建立的O&I會議制度，臉書公司會議室門上的標誌，福來雞速食連鎖店的加盟合同……這些例子帶給我們一個共通啟示：領導人不能只是專注於控管，必須快速釋放情報、有效傳達意義、懂得授權，也就是著眼於成果。

梅西的經理需要團隊得分，梅西的黃金左腳引人興趣，也只是因為它能讓梅西或隊友把球送進球門。他的經理在訓練、指導他時所做的一切，唯有保持聚焦於得分讓球隊獲勝這個成果，才有意義。最終，重要的不是個人獨特性，而是得分，個人獨特性必須一直是得分的最佳途徑才有用。

網球也是相同的道理。如果讓我們訓練、指導莫瑞，我們絕不會嘗試訂定某種通用的網球卓越模式，叫他按照模式打球，我們會說類似這樣的話：「嘿，安迪，我們知道獲勝是什麼樣子、什麼感覺，你有什麼長處能夠為你帶來無比的優勢，因此幫助你獲勝？你永遠不會有費德勒的強勁反手拍，或納達爾的厲害旋球，但你有速度、技巧，以及無比謙遜的決心，我們如何一起把這些化為你的優勢？」

在1960年代和1970年代曾經贏得個人單打十二個大滿貫的比莉・珍・金（Billie Jean King）說過，最優秀的網球運動員，必須練習他們的致勝招數組合——贏得這一分的一、二、三順序步驟。所以，我們或許會繼續問莫

瑞,該如何結合他的長處,並且鼓勵他花時間鍛鍊這些組合,使他在高壓之下也能夠發揮信心運用這些組合。換言之,我們會試著幫助他設想,如何個別或結合運用他的特長,以達到他在追求的成果。

教學的成果就是幫助學生學習,這沒有一體適用的方法,就如同創作一首美妙歌曲,也沒有通用的祕訣。經營一間酒吧,追求的成果並不是營造出一種絕佳氛圍,或是設計出一個有趣的機智問答夜,或是供應價格最實惠、風味最佳的啤酒,這些都是方法,本身並不重要。經營一間酒吧所追求的「成果」是:酒吧裡充滿快樂的顧客。最優秀的區經理在視察轄區各間酒吧時,會注意每個酒吧經理期盼什麼 —— 他在何時完全投入、自然被酒吧的哪些活動吸引,這些通常是個別酒吧經理的長處徵象,分區經理的指導策略便以這些為基礎,幫助每個酒吧經理結合長處,以達成公司期望的成果。

你也可以這麼做,定義你希望你的團隊和團隊成員達成的成果,然後辨識每個團隊成員的長處徵象,思考每個人能夠最有效率、最令人驚豔、最富創造力、最樂在其中達成成果的方式。一旦你體認到你的職責是達成成果,就會開始把每個人的獨特性,從「毛病」變成一種「特色」。

當你能夠這樣後退一步來看,將會因人調整角色,這就是最佳團隊領導人採行的**第二種策略:設計可調整的座椅。**

二次大戰結束後,美國空軍建造愈來愈多創新且昂貴

的飛機 —— 噴射引擎，快速、極難控制，後來飛行員失事率升高到已達警訊的程度。經過種種探究，在未能獲得確定結論下，工程師們開始懷疑，問題會不會出在駕駛座艙的設計呢？一些飛行員是否太難觸及和操縱裝置？早年研究數千名飛行員、計算他們的平均身材後，於1926年制定的標準化駕駛座艙尺寸，是否必須修改呢？工程師們決定重新計算飛行員的平均身材，為此他們在1950年開始丈量4,063名飛行員的身材，年輕中尉吉爾伯特‧丹尼爾斯（Gilbert S. Daniels）是丈量隊的一員。

丹尼爾斯思考美國空軍面臨的這個問題，認知到這不僅僅是平均身材的問題，也是一個能否一體適用的問題 —— 任何個別飛行員和根據平均身材設計的駕駛座艙之間的契合問題。因此，在丈量工作展開的同時，他開始思考另一個問題，除了被指派的丈量、計算飛行員平均身材的工作，他也思考去檢視在這些樣本當中，有多少飛行員實際上是平均身材或接近平均身材。丹尼爾斯對「平均」的定義是：對任何一個長、寬、高等的尺寸，丈量所得的數據是全距的中間30％。他推想，若大量飛行員接近平均身材，那麼新的駕駛座艙尺寸，就很可能解決問題。

研究人員丈量每個飛行員的十個尺寸，丹尼爾斯自己逐一檢視這些數據，計算在這4,063名飛行員當中，有多少飛行員這十個尺寸全部落在中間30％。

答案是：一個都沒有！沒有平均身材的飛行員，就算

只看這十個尺寸當中的三個,這三個尺寸全都落在平均尺寸的飛行員也不到5%。縱使是根據一套特定標準,精心挑選出來的這群人(舉例而言,太高或太矮,都沒資格成為美國空軍飛行員),也沒有一體適用的尺寸,差得遠呢。[7]

如同前文提到的,唐納德·克利夫頓研究團隊發現,預測績效的唯一方法是看各種層面能力的總得分,沒有正確的能力組合型態,只有一個正確的能力總和;吉爾伯特·丹尼爾斯也發現,在這4,063名飛行員的群體中,沒有平均的人類,平均是一個數學概念,不存在於實體世界。[8]雖然高效能的成果明顯可見,高效能的成分卻是因人而異。說到人類,沒有一體適用的尺寸;說到優異表現,同樣沒有一體適用的能力或能力組合。

那麼,面對如此無拘無束的多樣性,你該怎麼辦?你可以做丹尼爾斯建議美國空軍做的事:設計可調整的座椅。調整機器以適合飛行員,而不是反過來,讓飛行員去將就機器。**你也可以對你的團隊採取相同做法,調整你要求個別團隊成員達成的成果,使它們更相稱於個人的獨特才能。**

前述第一種策略建議釐清追求的成果,然後幫助每個團隊成員找出達成成果的途徑。這引發了一項疑問:若要求某個團隊成員達成的成果和此人的才能不相稱,該怎麼辦?對此,第二種策略建議調整工作,以使此人的成果最大化。不過,這自然又引發了一項疑問:若我們總是必須

調整工作，以相稱於員工的獨特才能，如何能夠完成所有必須完成的工作？若我們精心為每個人設計了「可調整的座椅」，最終可能還是有許多必要工作尚未執行。

為了解決這個問題，需要**第三種策略：善用團隊的能力**。為了幫助你完成所有必須處理的事，真實世界有一種結合人們的不完美能力，以共同達成目標的超有效技術，名為團隊；團隊的基本魔法就是把怪異化為有用。

你是怪異的人，你自己可能不覺得，因為你總是和自己相處，但對其他人而言，你是怪異的，他們在你眼中也是怪異的，很棒的怪異。怪異的是，我們感到有趣之事，其他人並不覺得有趣；有些人愛做的事，我們覺得像苦刑。當我們看到某人在做某件事，做得比我們想像中可能的境界還要好時，我們感到詫異、不解、驚豔，當然也感到寬心──謝天謝地！她喜歡和人周旋；謝天謝地！他喜歡處理棘手的政治狀況；謝天謝地！她總是能夠快速採取行動。若我們周遭的人不怪異，我們就得自己花時間倉促尋找真正突出的人；就因為我們周遭有各種怪異的人，我們可以和他們合作，把所有人的怪異結合成一支團隊。

多樣性並不是建立團隊的阻礙，它是建立傑出團隊的要素，若我們全部都一樣，無疑就會有我們所有人都做不了的事，也就是團隊做不了的事。若我們想達成的成果需要的能力，多於任何個人獨自具有的能力，我們就必須和那些長處──那些拔尖之處──不同於我們的人合作。

這意味的是，我們彼此的差異愈大，就愈需要彼此；我們彼此的差異愈大，就愈需要學會了解、欣賞彼此的長處，藉由建立共同的目的，以及充滿安全與信賴的氛圍，使得那些長處得以獲得最充分的利用。**對個人來說，多才多藝是一項錯誤、無用的目標；但對團隊來說，卻是絕對必要的。** 團隊成員愈形形色色、愈是怪異、愈各有所長、愈具個人獨特性，團隊就愈多才多藝。

職能模型，以及其他聚焦於缺點的標準化工具，並不朝著績效與善用多樣性的方向推進，它們的方向正好相反，但我們不需要完全捨棄。建立它們的流程，通常涉及了一群領導人辯論他們最看重什麼，這項流程其實不應該產生任何評量工具或一體適用的標準，而是應該產生集體價值觀、優先要務、目的和抱負的聲明。關注顧客、創新、成長導向、敏捷，這些並不是要去評量的能力，而是共同抱持的價值觀。因此，我們應該去除職能模型中的能力水準、個人評量、反饋，以及其他所有已經變成妨礙的東西，並且加以釐清、簡化、適當命名，讓大家清楚知道。

當我們帶著職能越過評量的橋梁時，就進入一個虛假、危險的世界。把職能當成一種評量、命令與控管的工具，比無用還要糟糕；但是，若用它們來公開宣示我們最重視的東西，它們就是用來層層下達組織的意義，藉此幫助團隊領導人和團隊了解什麼最重要的另一種方法。

謊言 #5

人們需要反饋

　　千禧世代工作者必定需要反饋，這是一個被公認的真理。事實上，不只千禧世代，反饋無疑對每個工作者都有益，愈多愈好。於是，我們現在有向上反饋、向下反饋、同儕反饋、360度反饋、績效反饋、發展性反饋、建設性反饋、徵求而得的反饋、未經徵求而來的反饋、匿名反饋等，伴隨著這各式各樣的反饋，誕生了教導我們如何有風度、平心靜氣提供與接受反饋的工作室授課產業。我們似乎很確定現代員工需要，而且必定能夠受益於即時、真率的效能評價，他們也喜歡知道他們的效能和同事比較之後表現如何。事實上，套用「馬克·吐溫」的話，在所有我們確知的事情當中，這是我們最確知的一件事。

　　若說對這一切還有啥不滿意的話，至少人力資源科技的近期創新顯示，不滿意的是這種反饋發生得還不夠快，

所以過不了多久，在你的手機上就會出現一整排工具，讓你和你的公司能夠隨時針對任何人的任何表現作出反饋。

身為團隊領導人，你將被告知，你的工作最重要、最棘手的部分之一是對你的人員傳達反饋，不論你想傳達的評價有多負面。你的工作是提升團隊效能，你的職責是在團隊人員面前豎立一面效能鏡子，讓他們看清楚他們實際的效能面貌。你將被告知，這是身為團隊領導人獲得成功與敬重的祕訣；事實上，在職場上，這種直率、清楚、毫不粉飾的反饋，重要到獲得一個特別的名稱：坦率反饋。

這意味的是，你必須保持一定的距離，以免喪失你的客觀，損及你的坦誠。雖然你有時可能懷疑，若你展現真誠關心你的人員，他們是否就能貢獻更多、成長更多，你聽到的戒律是：別和你的團隊成員太過接近，否則你將無法提供他們所需的坦率反饋。

為了幫助你發展領導力，其他人向你推薦許多有關如何進行困難談話的書籍，建議你閱讀講述Y世代和千禧世代有多麼渴望經常獲得糾正性反饋意見的文章。這類文章愈來愈多，例如：刊登於《財星》雜誌的〈千禧世代何以在職場上想要更多的反饋？〉（"Why Millennials Actually Want More Feedback at Wok?"），蓋洛普組織發表的〈經理人：千禧世代想要反饋，但不會開口要求〉（"Managers: Millennials Want Feedback, but Won't Ask for It"），刊登於《富比士》雜誌的〈跌破眼鏡，反饋是千禧

世代在職場上成功的關鍵之鑰〉（"Feedback Is the Unlikely Key to Millennial Career Happiness"），以及刊登於《商業內幕》（*Business Insider*）的〈為何千禧世代在工作上需要持續的反饋〉（"Why Millennials Need Constant Feedback at Work"），這些文章明明白白地告訴你，千禧世代靠反饋成長、獲得成功。

你將被教導如何開口提供反饋，例如：「現在方便讓我向你提供一些反饋意見嗎？」，「你想要一些建議嗎？」，以及稍微強硬一點的：「我有些意見要提供，坐下來談一下。」學習如何提供反饋之後，你也要學習接受反饋的技巧，例如反映（mirroring）：「你是不是說，我需要加強我的組織能力和政治技巧？」，以及積極傾聽：「你說我很天真，可以請你釐清一下是什麼意思嗎？並且舉一些最近的例子。」

當然，若你否認某人給你的反饋，因為覺得聽起來很奇怪、令你感到困惑，或者根本不正確，他們也會幫助你了解，你這種感覺是對受到威脅的自然反應，作為個人和領導人，為了成長，你必須「放下你的自負」，「擁抱你的失敗」，永遠保持「成長心態」。你將被告知，若你能把這些反饋想成幫助你成長的寶貴意見，很快就會發現自己很喜歡反饋。

如同暢銷作家暨激勵演說家賽門・西奈克（Simon Sinek），最近在維珍集團（Virgin Group）的職場部落格

擔任客座總編輯時所言:「下列是讓你在職場上充分發揮潛能的一個方法:取得負面反饋……負面反饋的目的就在於此……每次完成一項專案或我做的任何事之後,我總是詢問某人:『我什麼部分做得很差?有什麼是我可以做得更好的?哪些地方有改善空間?』我現在已經到了渴求負面反饋的地步,你也應該也追求達到這種境界。」[1]

橋水投資公司的做法:極度透明化

看到如此熱中反饋的情形,我們可能開始好奇,若在整家公司裡,人人都處處給他人反饋,達到反饋普遍且持續不斷的境界,那會是怎樣的面貌與感覺呢?其實,我們只須看看全球最大的避險基金橋水投資公司就行了。

橋水自1975年創立以來,已經創造了450億美元的淨財富,遠高於其他避險基金。除了非常善於為投資人賺取報酬,該公司創辦人、董事會主席、共同投資長暨前共同執行長達利歐,也決定他的這家公司要致力於極度透明化。達利歐在他的暢銷著作《原則》(*Principles*)中,列述了210條工作與生活的原則,他相信,成功途徑是看出與面對世界的真貌,不論這些現實有多正面或負面。[2]絕對不能讓組織層級或辦公室政治阻礙任何層級的人員,去質疑一項假設或質問一個行動過程,真實世界就在那裡。達利歐說:事實就是事實,我們必須善用智慧面對,不能讓客氣或害怕反彈阻礙了我們正視真相,進而獲得改善的

機會。

　　當然，人也是真實世界的一部分，我們也必須正視真實的他們，不能有所過濾與延遲。所以，在橋水投資公司，不僅每場會議都被錄影下來存檔，供公司的任何人去公司的「透明圖書館」（Transparency Library）觀看（達利歐致力於極度透明化是全面性的，絲毫不打折扣），而且橋水投資還發給每位員工一部iPad，預載了各種應用程式，讓員工對同事進行六十個特性的評價，例如「願意觸及痛處」、「概念式思考」、「可靠性」等。

　　公司期望員工在每次拜訪客戶、會議和日常互動之後，對同儕作出這些評價。所有評價都被拿去分析（執行分析的正是設計IBM華生的那支團隊），並且永久儲存，然後呈現在每個員工隨時隨地攜帶的一張卡上。該公司稱此為你的「棒球卡」，目的是讓你當責地知道你的真實面貌，也讓其他人極度透明地看到你在橋水投資的真實面貌，這張棒球卡上呈現的數據之一是你的「可信任度評分」。[3]

　　這顯然是一個極端的例子——2016年時，達利歐和他的營運長激烈爭吵，乃至於兩人相互要求對方接受公司全體的「誠正度」評量。實際上，這種極大的透明度對於員工績效的影響究竟如何、是好或壞，難以證明（儘管蒐集了數百萬個資料點，橋水投資仍然無法可靠地評量每個人的績效，參見第6章的討論。）

　　數十年來，橋水投資創造了極為出色的經營成果，並

且從草創時期使用達利歐的兩房公寓作為辦公室,發展成在康乃狄克州格林威治市附近擁有乾淨、明亮的辦公室,全職員工超過1,500人。但是,在此同時,玻璃門求職網上對橋水投資的評價有褒有貶,新進員工十八個月內離職率高達30%,是產業平均的三倍。雖然,前文提到,人們離開的是團隊,不是公司,但是在此例中,員工離開橋水投資,導因於公司的成分,似乎高過團隊因素。

雖然達利歐和橋水投資或許是異數,但他們無疑忠誠信奉這個根深蒂固的共識:「人們需要反饋,第一流的公司和最有成效的團隊領導人,必須設法為同仁提供反饋。」

為何我們這麼相信反饋,並迫切想要提供反饋?

在某種程度上,這個共識完全合理反映頻率太低的傳統績效評量。公司發布年度財務成果,因此我們全都變得習慣於每年調整員工薪酬一次,又因為許多公司信奉「根據績效來決定薪酬」,因此就必然每年一次訂定目標,每年一次進行績效評量,於是反饋也是每年提供一次。

這種節奏雖然合用於財務人員,但對團隊領導人或成員卻是沒道理的,團隊領導人得在年度開始時把一切轉化成一組目標,到了年底時,又得把一切轉化成生硬的績效評量;他們感到煩擾,團隊成員則是覺得遭到忽視。這種一年一度的低頻率,對誰都沒助益,但也沒怎麼去改變它 —— 若我們討厭每個年度一開始或結尾時去填寫一長

串的表格，增加填寫表格的頻率，又有什麼好處呢？

後來，科技現身拯救大家。智慧型手機普及了以後，手機和公司的IT基礎設備整合，公司便能讓每個員工得以對員工統計檔案裡的任何人進行調查，蒐集、匯總及報告調查結果。現在，我們可以在任何時候快速、容易地從任何人取得反饋，同時提供反饋給任何人。

不過，這雖然或許能夠解釋，為何我們現在能夠經常提供反饋，但並不能幫助我們了解，為何我們會這麼迫切地想要提供反饋？為了了解這點，我們必須看看已被充分證實的兩種人性怪癖。

設若你的一位同事在一場重要會議中遲到了，你微慍地坐在會議室裡等候他，你在腦海裡創造了一個小故事，解釋他的遲到，是肇因於欠缺條理、不分優先順序、不在乎所有等候他的人。老實說，這種對他人行為的解讀太普遍了，似乎不值一提；但事實是，它內含了可被證明為錯的推論，卻對組織的設計方式有著巨大影響。我們在腦海裡創造小故事時，其實是在對同事的行為作出一個解釋（或者可說是在提出一個歸因），這些解釋或歸因若關係到我們周遭的人，我們往往會過度把他們的行為，歸因於他們本身的能力與性格，而不是歸因於他們所處的外在環境。

比方說，在前述這個例子中，你猜想你的同事遲到，是因為他本身欠缺條理，不是因為一位高階領導人在走廊上拉住他，詢問他一個急迫的問題。我們對他人行為（尤

其是負面行為)的解釋,偏向「他們是怎樣的人」(who they are)的故事,這種傾向被稱為「基本歸因謬誤」(Fundamental Attribution Error)。若某人做了惹惱我們,或是造成我們不便的事,我們馬上就認定是因為這個人有問題。

基本歸因謬誤有個近親,我們也很熟悉。針對他人的行為,我們在腦海裡編織的故事,聚焦於「他們是怎樣的人」,但在解讀我們自身的行為時,我們往往更加寬宏:在自我歸因時,我們偏向另一端,把自己的行為過度歸因於外部環境導致,也就是歸因於「發生在我們身上的事」(what's happening to us)。若我們做了惹惱某人的事,我們認為此人惱怒,是因為他/她不了解迫使我們有如此行徑的狀況。這種傾向被稱為「行為者與觀察者的歸因偏差」(Actor-Observer Bias),這是多種被歸類為「自利性偏差」(self-serving biases)的人類推論偏差之一,它們以支持我們的自尊的方式,解釋我們本身的行為。

這些偏差導致我們相信,你的表現(不論好壞)是因為「你是怎樣的人」(who you are),例如你有幹勁、你的作風或你很努力,使得我們結論認為,想要改善你的表現,就必須向你提供「你是怎樣的人」的反饋意見,這樣你才能提高你的幹勁、調整作風或加倍努力。為了改善績效問題,我們直覺提供有關你個人能力或性格的反饋,而不是去檢視、處理你面對的外在環境。

　　話說回來，仔細想想，你就會發現，職場上有很多東西都是這樣設計的 —— 為「那些其他人」設計的，那些需要被告知該做什麼的人（因此設立了計畫系統，而非情報系統），那些需要調整工作的人（因此訂定目標，而非清楚告知意義與目的），那些因為自身弱點而使得所有人都承受風險的人（因此有上一章談到的聚焦缺點的思維，而不是聚焦個人的獨特能力。）關於人類，我們不願面對的真相之一就是：我們對他人有糟糕的推論，這些推論導致我們的種種錯誤，其中一項錯誤就是設計制度，試圖矯正或杜絕我們在其他人身上看到、卻看不到自己也有的缺失。*

　　在前述錯誤的邏輯之外，還加上另一個錯誤推論：由於只能透過辛苦努力來獲致成功，提供負面反饋、接受負面反饋，以及矯正錯誤，這些全都是辛苦努力，因此負面反饋可以促成成功。**這些錯誤推論結合起來，你就能看出為何我們會這麼信賴反饋（尤其是負面反饋），以及

---

* 美國哲學家約翰・羅爾斯（John Rawls）在 1971 年提出一個思想實驗以反制我們的這類推論，他稱這個實驗為「無知之幕」（The Veil of Ignorance）。基本上，他建議，設計這個世界的最佳方法是：想像當我們完成設計之後，我們將被隨機指派去擔任這個新世界中的某個角色，所以我們應該在完全不知道我們將被指派擔任什麼角色（富有或貧窮、男性或女性、學者或運動員等）的情況下，來做設計工作。他提議，我們應該為自己設計這個世界，而不是他人，因為我們不知道自己會被派去擔任什麼角色。這種方法可能也是設計工作場所的一種極佳方法，不是為「那些笨蛋」設計的，而是為「我這個笨蛋」設計。

** 英國的情境喜劇《部長大人》（Yes, Prime Minister）精彩詮釋了這個錯誤推論，其邏輯推論是：「我們必須採取行動。這是一個行動。所以，我們必須採取這個行動。」這等同於「所有貓都有四條腿。我的狗有四條腿。所以，我的狗是隻貓。」邏輯學家稱此為「中詞不周延的謬誤」（fallacy of the undistributed middle），至於非邏輯學家的我們，則是視這些為「政治人物的邏輯」。

為何我們會這麼確信反饋有助益，並且相信同事需要我們的反饋。

其實，根本不是這樣。

社群媒體和霍桑實驗提供的洞見

回到本章開頭談到的千禧世代，許多書籍和文章認為，千禧世代渴求反饋，部分是因為他們對社群媒體上了癮，對臉書上的又一個「讚」（like），或 Instagram 上的又一個「讚」（love）所帶來的多巴胺分泌上了癮。因為千禧世代總是需要知道他人對他們的觀點，需要知道他們的表現如何，因此我們被要求去解讀這種行為。基於這個論點，身為經理人的你，若不時時留意他們的表現，告訴他們如何改進，你的麻煩就大了。

但是，若我們仔細檢視各種社群平台上哪些性能變得更受歡迎，檢視用戶選擇如何和這些平台互動的詳細情形，就會開始看出不同的面貌。

以臉書和 Snapchat 對用戶反饋方法採行大不相同的處理為例，幾年前，臉書研究在傳統的按「讚」之外，要新增什麼表情符號，經過多方實驗，以及一再向用戶保證，臉書不會推出「爛」（dislike）的按鍵，臉書宣布新增五種表情符號，讓用戶能夠對其他用戶的貼文，提供更細膩的反饋，這五種新增表情符號是：大心（love）、哈（haha）、哇（wow）、嗚（sad）、怒（angry）。但在推出

不久後，臉書就發現儘管他們歷經了詳細的研究和測試，沒有多少人對這些新選擇感興趣。

另一方面，Snapchat 則是持續不斷地成長，它沒有為用戶提供六種對他人貼文作出反饋的選項；事實上，連一個也沒有，這個平台上沒有「讚」的按鍵，直到現在都沒有。Snapchat 之所以受到歡迎，正是因為在這個新平台上，沒有人評價你。用戶貼文或發送訊息給朋友，朋友作出回應或不回應，然後，噗！—— 二十四小時後，這個貼文或快照就永久消失了。

跟 Snapchat 的重度使用者聊聊（現在有超過兩億名用戶），你會發現，Snapchat 吸引千禧世代的，正是他們可以上這個平台張貼東西，分享，完全不會感受到必須作出反饋的壓力。他們可以看到自己張貼的東西有多少觀眾，保持和朋友的快照分享交流，但完全不必擔心反饋 —— 沒有評價，遑論永久的評價紀錄，只有和朋友或觀眾的連結。

對 Snapchat 的所有早期用戶而言，這是個大解脫，Snapchat 成為他們在生活中可以自在做自己，不經過濾、彼此連結的少數園地之一。沒有永久記錄的反饋，讓他們得以更隨性、更放鬆、更真實，這個安全、體貼的園地，很快就吸引了大量的用戶。創建一個社群平台，並且有機地成長，是非常困難的事。用戶很忙，也有根深蒂固的行為模式，網路效應的力量使得這些行為的改變很難，Ning、Path，以及最近重新推出的 Myspace，全都大張旗

鼓地推出，但全都遭受挫敗，因為對人性的了解與利用不夠純粹、不夠透澈。

Snapchat的成功可說相當罕見，但因為它發現了年輕人在生活中缺少的一項要素 —— 一個有觀眾欣賞的安全園地，因此找到了用戶指數成長的一條途徑。臉書和Instagram值得稱許的一點是，它們好奇探究，願意傾聽、學習，盡所能變得更像Snapchat。

若說Snapchat的例子提供了什麼指引，那就是這個：基本上，社群媒體的性質更偏重「發表」—— 正面的自我呈現。對我們而言，這個「自我」是不是真實的我們，我們的線上自我，是否為我們的理想投射，這些都沒那麼重要，比較重要的是讓其他人看到我們、喜歡我們。我們並不是在這些平台上尋求「反饋」，我們在尋求的是「觀眾」，那些提供我們觀眾和欣賞認同的園地，吸引了我們所有人，不只是千禧世代。我們想從社群媒體得到的，並不是反饋，**過去十年帶來的啟示是：社群媒體是一種注意力經濟（attention economy）—— 有些用戶尋求注意，有些用戶提供注意；社群媒體並不是一種反饋經濟（feedback economy）。**

諷刺的是，現今的社群平台雖然反映了千禧世代最喜歡無反饋環境這項事實，但很多媒體公司卻以這些社群平台為首要證據，主張千禧世代渴求反饋。

最近，有一大堆證據顯示，人們需要的是非批判性的

關注，Snapchat 的成長故事只是其中之一。十九世紀末的哲學家尼采（Friedrich Nietzsche）說，我們人類是「有著紅臉頰的野獸」，喜愛被關注。接下來的數十年間，新興的社會科學領域，提供了一個又一個的案例研究，證明尼采說得對極了。

心理學家哈利·哈洛（Harry Harlow）在 1950 年代做了一系列著名的實驗，把幼猴關進籠子，和母猴隔離開來，給幼猴兩個選擇：一邊是鐵絲紮成的「母猴」，上方安裝了一只奶瓶；另一邊則是軟布做成的「母猴」，沒有奶瓶。結果顯示，幼猴對溫暖、關懷和安全的渴求，總是勝過對食物的渴求；幼猴肚子餓了，會去鐵絲母猴那邊吸奶瓶，但總是心痛地馬上回到軟布母猴這邊依偎。更近期的流行病學家、心理量測學家和統計學家證明，心臟病、憂鬱症及自殺的最佳預測因子是孤獨 —— 剝奪他人對我們的關注，我們就會凋萎。

在職場上，這種現象最著名的例子是 1920 年代和 1930 年代在西方電氣公司（Western Electric）位於芝加哥市郊的霍桑工廠（Hawthorne Works）進行的研究。公司經營管理階層想提高員工的生產力，展開一系列的實驗，探究工作環境與員工產出之間的關係。研究人員首先增強工廠的照明，接下來幾天，員工產出明顯提高；基於實驗嚴謹性，他們決定把照明調回原來的狀態，看看會發生什麼事。奇怪的是，員工產出竟然再度提升。

接下來，他們做了更多實驗，包括：把工作站變得更整潔；使工廠變得更井然有序；在休息時段供應更多食物；改變休息時間的長短；總休息時間維持不變，但區分為更少或更多次的休息時段等。在每次的實驗中，當一項工作環境條件改變時，產出提高，但把這項工作環境條件改回原先的狀態時，產出再度提高。令人困惑的是，每次實驗結束後，產出就一路降回原先的水準。

研究人員花了好些時間，才搞清楚這是怎麼一回事，但最終從霍桑工廠實驗得出的共識，對職場科學有著深遠的影響。**他們得出的結論是，工作者渴求的，不是更明亮、更整潔的工作場所，而是關注。**這些實驗每作出一次干預行動，向員工展示管理階層關注他們和他們的體驗，他們喜歡這點，因此會變得稍微喜歡他們的工作，工作表現就會變得比較好一點、速度快一點，在一天結束時，產出就會增加很多。

所以，**真相是，人們需要的是「關注」。**若你在安全、不帶批判的工作環境中，持續為我們提供關注，我們就會進來、留下來工作，並且樂在其中。

正面關注，才能真正有效提升員工敬業度

不過，事情比這更複雜一些，因為反饋 —— 縱使是負面反饋 —— 仍是一種關注。若你想要的話，是有可能把負面關注的影響、正面關注的影響、毫無關注的影響都予以

量化後比較，更了解怎樣的關注最有效。蓋洛普組織的研究人員，持續調查職場上的員工敬業度，他們詢問具代表性的美國工作者樣本，他們的經理人最關注他們的長處或弱點，抑或都不關注，接著提出一連串後續詢問，以衡量每個員工的敬業度。蒐集到這些資料之後，研究人員計算在每種關注下，高度敬業員工與高度不敬業員工的比率。[4]

他們的第一項研究發現，告訴他們如何設計出世界上最糟糕的經理人。若你想創造出普遍不敬業的員工，那你就忽視他們，完全不關注他們，既不提供正面反饋，也不提供負面反饋，啥都不做。那麼，你的團隊敬業度就會「一瀉千里」，乃至於平均而言，有一個敬業團隊成員和不敬業團隊成員的比率是1：20。

研究人員的第二項發現，表面上看來是相當令人鼓舞的結果；他們發現，負面反饋的成效，是忽視員工、不提供反饋的成效的四十倍。在領導人聚焦於矯正員工缺點的團隊裡，敬業員工和不敬業員工的比率是2：1。但是，別忘了，這裡的「敬業」，指的是被證實有助於提升團隊效能的一組明確定義的工作體驗；也別忘了，我們大多數的人被告知，負面反饋是最有助益的，我們在工作中體驗到的主要也是負面反饋。

若我們來看研究人員在檢視正面反饋時獲得的發現，這個2：1的比率就更令人憂心了，這就是研究人員的第三項發現：在領導人聚焦於正面反饋的團隊裡，亦即員工

主要獲得的是正面關注，關注他們做得最好的部分，敬業者和不敬業者的比率為60：1。

換言之，在創造團隊高效能方面，正面關注的成效，是負面關注的三十倍 —— 用前述數據來計算，正面關注的成效，是完全不關注的1,200倍，不過我們還未見過主張忽視員工的管理理論。所以，雖然團隊領導人有時可能必須幫助部屬改善阻礙進步的缺點，但若團隊領導人的預設立場，是去關注部屬做不到的事，若我們的所有心力都投入於更常、更有效率地提供與接收負面反饋，那麼我們就是撇下、不利用人員的龐大潛能。**人們需要的不是反饋，而是關注，而且是關注他們做得最好的事情。當我們對他們作出這種關注時，他們會變得更敬業，因此生產力更高。**

你的長處，才是你應該學習、發展的領域

截至目前為止，一切都挺有道理的；我們喜歡正面關注，它幫助我們把工作做得更好。但是，學習呢？若我們獲得的關注，全都跟我們的長處有關，我們要如何持續成長、進步呢？如同西奈克所言，那些他需要改進的部分呢？團隊領導人必定希望他的團隊成員能夠持續成長、變得更好，這不就需要他把大部分的時間，都花在指出缺點、加以修正嗎？

這又是我們的通俗理論 —— 我們「確知」的理

論 ── 在誤導我們。我們接受表面上的概念，認為「長處」朝向天平上的一端，「待改進領域」或「機會領域」朝向天平的另一端；高效能領域是我們最擅長的領域，低效能領域是我們應該且能夠成長的領域。

但是，從上一章的討論，我們已經知道，團隊效能和團隊敬業度的最強預測因子是，員工覺得：「我有機會在每天的工作中發揮長處。」我們往往以為「效能」與「發展」是不同的兩碼子事，彷彿發展或成長是存在於現今工作之外的東西，其實發展或成長指的不過就是在我們的工作上，每天更進步一些，因此提升效能和創造成長基本上是相同的。聚焦於個人長處，能夠提升效能，因此聚焦於個人長處，就是創造成長。

最優秀的團隊領導人似乎明白這個道理，他們不認為應該把大部分的時間投注於部屬的缺點上；他們知道，在真實世界裡，每個人的長處其實就是他／她最有機會學習與成長的領域，因此把時間和心力投入於有智慧地貢獻這些長處，將可在現在及將來產生巨大報酬。在這些領導人當中，有些直覺知道這點，或可能是從實際領導團隊人員的經驗中認知到這點，但對其他人來說，有大量的生物資料可以強化這個真理 ── 正面關注能夠促進發展。

從細微層級來看，學習是神經生成（neurogenesis，新神經元的生成）的一項功能，許多近期研究指出，大腦雖然在童年和青春期，歷經最瘋狂的突觸成長與突觸

修剪時期，但大腦從來不喪失生成更多神經元和連結這些神經元的突觸的能力 —— 稱為「神經可塑性」（neuro-plasticity）。經常有人引用「神經可塑性」指出，既然大腦終身可以不斷變化，我們就應該持續告訴人們，他們有哪些缺點，好讓他們能夠修正缺點，學習如何把事情做對。

當然，我們全都能夠學習如何把事情做對，或至少做得更好。只要有紀律的練習，我們全都能夠學習把我們運用的技能改進得稍好一點。但是，大腦科學也揭示，雖然大腦的確能夠終身持續成長，但每個大腦的成長情形不同。因為你遺傳的基因和你早期童年環境的特性，你的大腦的線路十足獨特，沒有人的大腦線路和你的相同，而且在大腦的複雜性之下，未來也不會有任何人的大腦線路和你的相同。

你的大腦的一些部位有濃密的突觸連結，其他部位的突觸連結就沒那麼濃密，當我們檢視你的大腦的成長情形時 —— 當我們計算新生成的神經元和連結它們的突觸時，我們發現，你的大腦中生長出遠遠更多新神經元和突觸連結的部位，就是原本已經存在最多神經元和突觸連結的部位。這或許是因為高效率使用它、不然就會失去它的大自然設計使然；又或者是因為有那麼多既有的生物基礎構造，在支持著你大腦中突觸連結最濃密的部位，因此在原本就已經有許多突觸連結的部位生成新連結會更為容易。不論如何，我們現在知道，雖然每個大腦都會

繼續成長，但成長得最旺盛的是原本已經最強壯的部位。大腦發展的箭頭指向專業化，神經學家約瑟夫・雷杜克斯（Joseph LeDoux）說得簡明：「大腦的成長，就像在既有的樹枝上冒出新芽，不是在新樹枝上長芽。」[5]

　　所以，神經學的證據支持「你的長處是你的發展領域」這個主張，從生物學的觀點來看，它們是相同的一回事。神經科學也可以告訴我們，當我們刻意聚焦於長處、而非短處時，會發生什麼情形。這裡就舉一個實驗為例，科學家把參與實驗的學生分成兩組，他們對第一組提供正面指導，詢問這些學生有什麼夢想，打算如何實現夢想？對於第二組學生，科學家查看這些學生的家庭作業，詢問學生他們認為應該如何改進？和這兩組學生交談的同時，科學家讓每個學生連結至一台功能性磁振造影（fMRI）儀，觀察他們大腦的哪些部位，對這些不同類型的關注出現最活絡的反應。

　　下列是科學家們的發現。收到負面反饋的那組學生（第二組）的大腦中，交感神經系統活絡了起來，這是「逃或戰」的神經系統，這個系統關閉了大腦的其他部位，好讓我們只聚焦於生存下去最需要的資訊。當神經系統的這個部分被引動時，你的心跳速度加快，腦內啡流至全身，你的皮質醇（可體松）分泌量增加，你會緊張起來，想要行動。這就是你的大腦對負面反饋的反應：它把負面反饋視為一種威脅，限縮它的活動。心理學家暨商學

院教授理查‧波雅齊斯（Richard Boyatzis）總結研究人員的發現表示，批評所引發的強烈負面情緒：「抑制取用既有的神經網絡，造成認知、情緒和感知的障礙。」[6]

也就是說，負面反饋並不會促成學習，反而在系統上抑制學習；從神經學上來說，就是形成學習障礙（impairment）。

至於第一組學生，他們接收到的關注，聚焦於他們的夢想及他們打算如何實現夢想；功能性磁振造影儀顯示，他們的交感神經系統並未活絡起來，活絡起來的是副交感神經系統，這有時被稱為「休息與消化」（rest and digest）系統。再次引述研究人員的話：「副交感神經系統……刺激成人的神經生成（亦即新神經元的生成）……產生幸福感、更好的免疫系統運作，以及認知、情緒和感知的開放。」[7]

換言之，正面、聚焦於未來的關注，使你的大腦取用更多的部位，因此讓你獲得更多學習。我們常被告知，學習之鑰是走出我們的安適區，但這項研究發現，把這句陳腔濫調變成了一句謊言 —— 走出我們的安適區後，我們的大腦就只聚焦於如何在安適區外求生存了，不再注意別的了。顯然，我們在「安適區」裡學習得最多，因為這是我們的長處區，我們的神經路徑最集中的地方，我們在這裡最開放於種種可能性，我們在這裡最富創造力與洞察力。

若你想要你的部屬學習更多，請關注他們現在擅長的東西，並且讓他們在這些事物和技能上更進一步發展。

如何提供正面反饋,激發學習與成長?

問題是,該怎麼做呢?你如何在你的團隊裡激發學習與成長,避開令你的部屬灰心喪志的負面反饋,但仍然能夠確保你的團隊順暢、有效率地運作?

你可以馬上開始做一件事:養成一個有意識的習慣,尋找你每個團隊成員做得很好的事情。人總是很容易去看負面的東西,這是一種很強烈的傾向,加州大學柏克萊分校心理學家瑞克・韓森(Rick Hanson)生動總結研究發現表示:「對於負面體驗,大腦就像魔鬼氈;但對於正面體驗,大腦卻像鐵氟龍。」[8]所以,把它變成一個有意識的習慣,這很重要。對你而言,這可能不自然或不容易,但是就效能、敬業度、成長等方面的回報來看,值得你多加練習,養成這種習慣。

在電腦運算系統中,有一種情況稱為「高優先中斷」(high-priority interrupt),它告訴電腦的處理器,某件事需要處理器的立即注意,因此必須「中斷」正常流程,讓這件事跳到處理項目佇列的最前頭。在真實世界,身為團隊領導人的你,將有滿多事項以這種方式運作,攫取你的注意力,迫使你優先處理。

這些高優先中斷大多是問題,這很尋常,例如,若藥物有問題,你不能對病患施以藥物;若你剛收到資訊指出,你即將向主管提出的東西,有半數現在已經過時了,

你當然不能向主管提出。任何制度或流程出了問題，都需要身為團隊領導人的你處理，這是高優先中斷在做它該做的事：停下所有其他事項，以攫取你的注意。

當你的某個部屬出包時，也會發生高優先中斷。你看到某人做錯事，例如電話處理不當、沒有出席會議、專案出了差錯等，你就會出於本能這麼做：停下手邊的所有事務，告訴這個人他做錯了什麼，必須如何改正。

困難在於：人並不是流程，也不是機器；適用於流程和機器的東西，並不適用於人。流程和機器是有限、固定式的，除非我們加以修正，否則就會保持原狀，或者逐漸耗盡。人則是處於持續學習、成長的狀態，而且如前所述，他們在獲得正面關注及最沒有負面反饋的環境下成長得最多。弔詭的是，你的高優先中斷涉及抓住部屬的差錯愈多（以便糾正他們），他們在短時間內的生產力變得愈低，長期的成長愈少。落入負評區時，人的大腦就會變得生硬、緊繃，抗拒改進。[9]機器和流程不會這樣，你可以修正一部機器、一項流程，但你無法用同樣的方式去修正一個人，畢竟人不是烤箱。

那麼，在管理部屬方面，你的高優先中斷應該是什麼？若你希望看到團隊和團隊成員進步，你的高優先中斷應該發生在當你看到某個團隊成員有出色表現時。你的目標應該是：有意識地注意你的團隊成員把某件事做得非常輕易、出彩，而且令你有點驚豔的情況，然後設法告訴此

人，你剛才看到了什麼樣的表現。

這聽起來似乎就是去「注意人們把事情做對的地方」，但其實不僅於此。連續二十九年執教達拉斯牛仔隊（Dallas Cowboys）的湯姆·蘭德里（Tom Landry），是個深諳此道的領導人，他的教練生涯早期，達拉斯牛仔隊在美式足球聯盟的戰績與排名墊底，表現差的球員一堆，他採行一種全新的教練方法。其他球隊總是檢討阻截失誤、接球失誤等差錯，蘭德里卻總是讓他的球員聚焦於他們做對的事，不論看起來是多麼微不足道的事。

他仔細檢視先前比賽的錄影，針對每個球員，把他做得很輕易、很自然、很有成效的動作鏡頭剪輯出來。他認為，就任何一個球員來說，做錯事的方法有無限種，做對事的方法卻是有限的。可以知道，想辨識做對的方法，最好的方法就是去檢視球員做對的那些比賽。因此，他刻意去捕捉那些特殊的卓越時刻，提供給每個球員，他說，從現在起：「我們只重播你們勝利的表現。」

蘭德里這麼做，一方面是要讓他的球員增強自信，因為他跟所有優秀的團隊領導人一樣，知道讚美的力量。在最能預測團隊效能的八道問卷調查題目中，對應這點的題目是：「我知道我的優異工作表現將會獲得賞識」，資料顯示，效能最高的團隊，團隊成員對這項陳述強烈贊同的程度，遠高於效能較差團隊的成員。[*]

不過，蘭德里對讚賞的興趣，遠不如他對學習的興

趣。他的直覺告訴他，若能讓每個球員用慢動作鏡頭觀看自己優異的表現，他應該最能學習如何改善自己的表現。真正出色的表現，通常是在行雲流水的狀態中發生，我們幾乎沒有意識到我們在做什麼。飛人喬丹（Michael Jordan）曾在賽後觀看自己精彩表現的錄影，搖著頭說：「哇！我這麼做啊？」

蘭德里讓球員觀看他們的優異表現重播，是要讓他們以旁觀者之姿，看自己展現優秀表現時的真實模樣和節奏。他希望這麼做，不僅能夠使他們變得更有自信，也能夠讓他們在行動中重複並增強本身的獨特長處。凱斯西儲大學的社會企業精神教授、肯定式探詢（Appreciative Inquiry）理論的創立者大衛‧庫柏瑞德（David Cooperrider）指出，組織總是循著你的關注焦點而成長。[10] 二十年後，蘭德里把這個相同的原理，運用在他的牛仔隊上。

你也可以這麼做，如今「recognition」（賞識）已經變成「praise」（讚美）的同義詞，雖然這麼做，有點偏離了它的原意。「Recognition」這個字，源於拉丁字「cognoscere」，意指「to know」，而「cognoscere」這個字，源於希臘字「gnosis」，意指「knowledge」或

---

* 若你好奇：到底是好表現引來讚美，還是讚美促成好表現？調查所得的資料顯示，時間點1的好表現，確實跟時間點2的賞識項目較高得分有關，其相關係數四倍於反向關係：讚美引致好表現的因果關係，強過讚美反映好表現。

「learning」。所以,「re-cognize」一個人,基本上意指重新認識他、了解他。「Recognition」這個字的最深層意思是,辨察一個人的優點,詢問他/她這個優點,持續致力於了解他/她在展現最佳的自己時是什麼模樣。

這麼做時,竅門在於不只是告訴這個人,他/她的表現多好、多棒,雖然單純的讚美絕非壞事,但讚美只是捕捉了過去的時刻,並未創造將來發生更多這種情形的可能性。你應該告訴此人,那卓越時刻吸引你的注意力時,你的感受如何,也就是你對那優異表現的瞬間反應。**對團隊成員來說,最可信、因此最強而有力的,莫過於你分享你看到成員的表現,以及你的感覺,或是這樣的表現帶給你什麼樣的感想、使你認知到什麼,你從今以後將會仰賴對方什麼?**

這些是你的「反應」,當你明確、詳細地和團隊成員分享時,你不是在評價或糾正他們,只是在向他們反映,在你眼中,他/她剛剛在這世上留下了什麼獨特的「印記」。正因為這不是評價,而是單純的反應,因此它是可信的、無庸置疑的。而且,這是謙遜之舉,當某人對你說:「我想知道我的水準如何」時,他其實不是真的想知道他的水準如何,而且坦白說,你也不能告訴他,因為他的水準如何,你並不是最可靠的真相源頭。他的意思其實是:「我想知道『你』覺得我的表現如何?」所幸,你講的都是你的實際感覺,這是無庸置疑的事實。

每次重播這些小小的卓越時刻 —— 透過你本身的體驗的透鏡來重播，你將讓對方進入「休息與消化」的心理狀態，他的大腦將會變得更能接受新資訊，並且和大腦中其他區域的其他資訊連結，因此將會學習與成長、變得更好。一言以蔽之，這是他所能接收到的最佳賞識了！你這麼做，是在了解他，把你剛剛獲得的了解向他重播一次，身處最佳團隊的他知道，你明天還會這麼做，而優異效能就是靠著這些慣例建立起來的。

三到五次讚美，批評一次

你的關注是重點，若某個團隊成員捅了婁子，你當然必須處理，但切記，在這麼做時，你只是在矯正錯誤，以期未來不再發生相同錯誤，這並不會使你朝向創造優異表現更邁進。

若一名護士對某個病患施錯藥，忽視這個錯誤，可能致命，所以你當然可以對她說：「絕對不可以再犯！」你當然也可以設計一項流程，來確保在對病患施藥之前，藥物經過三道檢查確認。但是，在做這些時，你得知道，若這名護士現在對病患施藥一貫正確無誤，這並不代表她現在提供了優異的照護，能夠幫助病患更快速、更完全康復。

糾正護士的錯誤，只是使她不再犯相同錯誤，並不會使她變得更優異；就如同糾正某人的文法錯誤，並不會使她的作文變成一首美麗的詩；或是，叫某人修改一個笑話

中的結尾妙語，並不會使這個人本身變得更加風趣。**失敗的反面，並不是優異；只是改正糟糕的表現，並不能創造優異的表現；改正錯誤，只不過是防止失敗的一項工具。**

　　為了使你的團隊有優異表現，你的關注需要聚焦在不同的事物上。若你看到某人把某件事做得很好，向他「重播」你看到的，以及你的感覺，這不僅是你的高優先中斷；可以說，這應該是你的最高優先中斷。養成這個習慣，你的團隊將遠遠更可能變成一支高效能團隊。

　　這要如何拿捏平衡呢？蘭德里說，他只重播每個球員的優秀表現，我們應該走這樣的極端嗎？還是，我們應該偶爾彰顯優秀表現，主要仍聚焦於改正錯誤？重播好表現和改正錯誤的比率，到底該是多少才好？我們對團隊成員說：「對，就是那樣！」和「停，別那麼做！」的最佳比率為何？社會科學其他領域的研究發現，可供我們參考。

　　看看約翰‧高特曼（John Gottman）教授對幸福婚姻的研究，或是芭芭拉‧佛列德里克森（Barbara Fredrickson）教授對快樂和創造力的研究，你會發現，**正面：負面的比率大約介於3：1至5：1，亦即平均每作出一個負面反饋，就作出三到五個賞識性質的關注。**[11]雖然我們無須執著於這個比率的數學精準度，[12]但科學研究顯示，若你致力於做到這個刻意的不均衡比率，將對你和你的團隊大有助益。

顏料盒方法：幫助當事者自己釐清解方

　　儘管你有最佳意圖，小心翼翼地提供反饋意見，無可避免地還是會有一些部屬，懇求你提供負面反饋或糾正行動。他會說：「告訴我，我哪裡做錯了？」或者，他會說，他發現自己陷入困境了，工作做得非常吃力，尋求你教他如何前進。你該怎麼做呢？

　　首先，你通常會強烈傾向立刻提出你的最佳建議，但我們建議你最好克制這種傾向。*

　　如前文所述，你的大腦線路是獨特的，因此你看到的世界和對它的理解，這個世界吸引你、令你排斥、令你倦乏或令你振奮的東西，以及這些東西在你腦袋裡激發的洞察，全都非常不同於他人，而且伴隨著你的成長，這種差異性更大。你的主管不是你，他們對你提出的建議，未必適合你。

　　最優秀的領導人都懂得這點，例如，他們知道，若你很不善於公開演講，他們不能只是建議你改善流暢度、練習鋪陳、結尾要精簡有力，因為你對「流暢」、「情節」、「結尾精簡有力」這些東西的理解，和他們在使用這些語詞時所指的意思可能非常不同。這些最優秀的領導人了解，每個人通往最佳表現的途徑都非常不同。

---

* 説來挺諷刺的，我們建議你別隨便提出建議，但是，你看看！我們也沒能避免這種傾向。

　　因此，下次你對某人提出一項用心良苦的建議後，看到對方的做法竟然和你的建議迥異，請你務必記得這點，不要生氣。並非他沒有把你的建議聽進去，或是陽奉陰違，當著你的面點頭，但消極反抗地採取恰恰相反於你的建議的做法。他聽到你的建議了，可能也想照著你的建議去做，但他無法全然理解你的意思，他有的只是他自己的「解讀」，於是他就根據自己的解讀，盡所能地去做。

　　由此可見，我們所謂的「建議」，恐怕大多應該被視為「陳述一套對我行得通，而且只對我行得通的方法。」達利歐提出的工作與生活原則，儘管可能令人覺得很有意思，但這些並非通則，只不過是適用於達利歐的210種方法，至多是適用於性格相似於達利歐的那些人。

　　由此來看，建議就像血液，二十世紀以前，嘗試輸血治療法的醫生很沮喪，因為輸血對有些病患非常奏效，但其他病患的身體似乎對捐血人的血液過敏及完全排斥。直到奧地利科學家卡爾・蘭德斯坦納（Karl Landsteiner）發現不同血型的存在，而且一些血型和其他血型在生理上不相容，醫生們才得知，在輸血之前，必須先知道捐血人的血型和病患的血型。

　　同理也適用於「效能灌輸」，灌輸效能的成功與否，取決於個人如何理解他們聽到的建議 —— 他們如何消化、代謝，如何把它和他們的思想及行為模式連結。換言之，灌輸效能的建議，應該著眼於行動執行者，而非建議

本身。

優秀團隊領導人懂得的第二件事，同時也是大腦科學家們已經證實的：「洞察」（insight）是大腦的糧食。科學家們至今還無法確定，這是否因為伴隨洞察而來的是多巴胺的大量分泌，抑或其他神經化學傳導物質的分泌，但他們確知的是，在大腦天生的結構下，一項新洞察的產生，給人帶來良好的感覺 —— 科學家們這麼描述洞察：「自內產生的，感覺得知了什麼事。」

或許，你本身有過這種體驗，或者你可能注意到，這種情形發生在他人身上。也許，你一再教導、建議你的某個團隊成員，但直到此人把你的建議和他自己的材料結合起來，得出新理解之後，他的表現才突飛猛進。這項新洞察變成他的理解器，他用來看待眼前挑戰的透鏡，他用來前進的指針。這項新洞察是一種學習，雖然可以由外人輕推，但只會自內產生。

我們非常看重自己提出的建議，驕傲於它的良善意圖、它的觀點、它的慷慨，以及它的順序 —— 始於一個簡單的方案，接著我們向困惑的建議尋求者，一步步解說我們精心建構的邏輯，直到他看完眼前提供給他的解方，大工告成。我們呈現了一幅美麗且完整的圖畫。

但是，最有幫助的建議不是圖畫，而是一盒顏料及一套畫筆。這麼做，最優秀的團隊領導人猶如在說：拿這些顏料和畫筆，看看你能用它們來做什麼；從你的位置，你

看到了什麼？你能夠畫出什麼？

這也是他們為何如此刻意向你重播你的好表現的原因，藉由幫助你看到你表現優秀時的樣子，他們為你提供一個你可以用來作為繪畫素材的影像。由於這是你的行為所創造出來的影像，你的內在已經感覺到它了，領導人的工作是以外人之姿向你展示，讓你看到它、複製它，然後精進。

當團隊成員前來尋求你的建議時，別急著擺好畫架，開始大揮畫筆。試試這個方法，你可以稱它為「顏料盒方法」，先塗上一些「現在」的顏色，再加一些「過去」的陰影，然後加入幾抹明亮的「未來」色彩。

首先談「現在」。若你的團隊成員帶著問題來諮詢你，他不是現在才有這個問題，他感到薄弱、沮喪或困難，你必須處理這個，但別直接切入，**先請這個同仁告訴你，他目前做得很順利的三件事。**這些事可能跟處境有關，也可能跟處境完全無關；它們可能重大，也可能無足輕重，這些都不要緊，只要請他說出，他目前做得很順利的三件事就行了。

這麼做，是在向他的大腦注入催產素（oxytocin），催產素有時被稱為「愛情激素」，但在這裡，最好把它想成「創造力激素」。引導他思考一些他做得很好的事情，是刻意喚醒他大腦的化學物質分泌，以使他開放於新解方，以及新的思考或行動方式。（順便一提，你可以完全

坦誠地和他談你正在做這件事，研究證據顯示，他愈積極參與其中，這項技巧就愈有效。）[13]

其次談「過去」。詢問這位團隊成員：「你過去碰上類似這樣的問題時，是如何解決的？」在我們的生活中，有很多模式會重複出現，因此他以前很可能遭遇過類似問題，陷入類似困境，但他一定曾在某次類似的境況下，找到了前進之路，可能是某個行動、某項洞察或關係幫助了他，使他走出泥淖。幫助他思考這件事，讓他用自己的腦袋釐清他當時的感覺和做法，想想後續發生了什麼事。

最後談「未來」。詢問這位團隊成員：「你知道自己必須做什麼嗎？在這種情況下，什麼東西行得通？」從某種意義來說，你是在假設他其實已經作出決定，你只是在幫助他發現這點而已。此時，你可以提供一、兩幅你自己的圖畫，看看它們是否能夠幫助他釐清；但最重要的是，持續請他描繪他已經看到的，以及他知道對自己行得通的方法。

這裡的重點不該擺在「為何」的詢問上，例如：「為何那樣做會行不通？」，或「為何你認為你應該那麼做？」，因為這類詢問會把你們兩個拉回猜測與概念的模糊回顧世界裡。這裡應該側重「什麼」的詢問，例如：「你其實希望什麼事發生？」，或「你可以馬上採取的一些行動是什麼？」，因為這類詢問會得出具體的答案，有助於同仁在近期以真實的自我做實際的事。他得出的每一

個答案,都是他在畫作上畫下的一筆,使得他的圖畫更鮮活、更動人、更真實。

若他一開始就大筆一揮,用大把顏料覆蓋畫布,跟你說:「我必須做的,就是辭掉工作,買艘遊艇,航行好望角」,那就把幾支比較小的畫筆交到他手上,引導他去看畫布的一角。你也許可以建議他:「這裡有個人物,你能夠重畫嗎?也許改用別的顏色,或是稍微調整一下角度?」這麼做,也許他就能夠想到,他可以馬上處理的一些事情,而不是立馬辭掉工作。然後,受到他腦海中小小、但愈來愈鮮明的影像指引,他將一筆一畫地創造出一幅新畫作。

謊言 #6

人們能夠可靠評量他人

　　你認為，光是藉由觀看一個人，你能夠對此人獲得多少了解？若你天天和他共事，你是否認為你知道驅動他的力量？你能夠辨察到足夠的線索，知道他是個好勝的人，或是利他主義者，或是天天急於把工作項目清單完成的人？他的思考風格呢？你是否夠聰穎，能夠看出他的慣常型態，指出他是個宏觀的人，常常思考「若⋯⋯會怎樣？」，或者他是個邏輯推論者，或是他重視事實勝過概念？你能夠剖析他如何理解他人，看出他的內在遠比外表更富同理心，其實很關懷同事？

　　或許你都能做到這些，或許你就像一些人那樣，能夠直覺地從他人的行為中挑出線索，然後用這些線索編織出有關此人及其為人處世的詳細面貌。當然，最優秀的團隊領導人似乎能夠做到這點，他們仔細注意團隊成員的自然

行動及反應，知道甲喜歡私下獲得讚美，乙則是只看重當著整個團隊給予他的讚美，丙對明確指示作出回應，丁呢？若你表現得像是在下指令，她絕對不理睬你。最優秀的團隊領導人都知道，他們的每個團隊成員都是獨特的，他們花大量的時間去關注這些獨特性，把這些獨特性轉化為助力。

那麼，在評量你的團隊方面呢？你認為，你能夠對每個團隊成員的特性正確評分嗎？若你推測你的某個團隊成員是個策略性思考者，你能夠很有信心地用一個分數來表示她實際上多擅長策略性思考嗎？對於她的影響技巧、她的商業知識，或她整體的表現，你也有足夠的信心給予正確評分嗎？若要你拿她的這些技能或表現，和其他的團隊成員相比，你認為你能夠正確比較每個人，對每個人的相對能力給出評分嗎？這聽起來可能就相當棘手了，你對影響技巧的定義必須保持穩定，根據這些定義來評價每個獨特個人。但是，若我們給你一個1到5分的評分級別，對每個分數有詳細的行為描述，你認為你能公正地使用這個評分級別，給出正確評分嗎？

就算你很有信心能夠做到這點，你認為你周遭的其他團隊領導人也能做到嗎？你認為他們也能跟你一樣，以相同的客觀程度和識別力，使用這個評分級別嗎？或者，你擔心他們可能是更寬大的評分者，給每個人更高的評分，對「影響技巧」的定義，可能和你的不同？你認為有可能

指導所有的團隊領導人，以完全相同的方式進行評分嗎？

這麼多人去評量這麼多其他人的諸多特性，產生了大量的資料，要保持絕對的公正，實在太不容易了。可是，我們必須保持絕對的公正，因為這些資料代表員工，一旦蒐集了這些資料，它們就被用來評定員工的工作表現。

員工評量面面觀

一年至少一次，一些位階比你高的同事，會聚集在一個會議室裡討論你的表現、你的潛力、你的事業抱負，並且作出一些重要的決定，例如你該獲得多少獎金、是否選你去參加一個特殊訓練課程，何時或是否該給你升職。你大概知道，這場會議的名稱是「人才盤點」（talent review），幾乎每個組織都會舉行某個版本的這種會議，組織的目的是逐一檢視人才，決定如何對這些人才作出不同投資。績效與潛力最優的員工 —— 你可以稱他們為「明星」—— 通常獲得最多的獎金和最佳機會，評分愈往下的人，獲得的愈少，那些評分在較低級別者，很可能進入被委婉地稱為「績效改善計畫」的名單中，甚至被迫離職。

人才盤點是組織用來管理員工的機制，組織想讓最佳人才待得開心、持續接受挑戰，同時淘汰那些沒有太多貢獻的人。由於在大多數的組織中，最大的成本是人員的薪酬與福利，因此組織非常認真看待這些人才盤點會議。所有大型組織的高階領導人最關注的問題是：「我們如何確

保我們能夠正確評量人員？」，這是足以令他們在半夜驚醒、輾轉難眠的問題，因為他們擔心各級主管實際上可能並不像他們那麼清楚組織需要怎樣的人才，以及可能並未客觀評量部屬的表現。

為了解決這種憂心，公司設立了種種旨在提高此人才盤點流程嚴謹度的制度，其中你最熟悉的一種制度可能是「九宮格」：X軸衡量績效，Y軸衡量潛力，每一個軸區分為三個級別——低、中、高，遂形成九個可能區塊。每個團隊領導人被要求，在人才盤點會議之前，仔細考量每個團隊成員的績效和潛力，把他／她歸於其中一個方格。這套制度旨在讓團隊領導人凸顯可能具備高潛力，但潛力還未能轉化為實際績效的成員，以及績效優異、但沒有多少空間再提升的人——亦即此人在目前的職位上已經作出最大發揮。人才盤點會議上有了這些資料，高階領導團隊便可為每個人決定不同的行動方案：有高潛力、但尚未充分發揮的人，公司將給予更多的訓練和時間；已經發揮了最大潛力、績效優異的人，也許只獲得豐厚獎金。

許多公司也使用1到5分的級別來評量員工的表現，可能是和九宮格制度一起使用，也可能只使用這種評量方法，不使用九宮格。每個團隊領導人被要求對每個團隊成員作出評分，然後在人才盤點會議上或會議前，有一種名為「共識」（consensus）或「校準」（calibration）的會議，流程大致如下：你的團隊領導人談論你，說明他為何

給你打4分，接著他的同事說明，他們為何給他們的部屬打5分、4分或3分，然後大家辯論4分應該代表怎樣的表現，甲團隊的4分是否相同於乙團隊的4分，你這一年的表現是否真的值得給4分，若是，組織是否還有足夠的4分名額，可以讓你被評為4分。

若組織的4分名額用完了（這種情形經常發生，因為許多團隊領導人不願意給部屬3分，更別說2分了），那麼你的團隊領導人可能被迫給你3分，然後告訴你，你其實值得4分，但今年沒有名額了，他明年會想辦法。這被稱為「強迫分配」，是相當痛苦的一種調解流程，因為組織只能讓一定比例的員工被評為超高績效者，而團隊領導人又傾向給每個人高評分，以避免不愉快的績效評量談話。誰都不喜歡強迫分配，但許多組織卻認為這是對團隊領導人的必要限制，也是確保把獎勵適當差異化，使高績效者獲得的獎勵遠大於低績效者的方法。

或許是想對「績效」和「潛力」這兩個詞彙加入更高的精準性，許多組織制定了團隊成員應該具備的職能清單，每年年底用這份清單來評量他們。我們在第4章質疑、探討過這類模型，是否真的能夠確實反映真實世界的員工表現，真的有人具備所有必需職能嗎？我們真的能夠證明那些取得欠缺職能的人，績效一定優於那些未取得的人？然而，許多組織仍然使用這種標準清單來評量每個人，而且為了輔助這套制度，組織以行為來定義職能，然

後用評分級別，對特定行為給予特定評分。

　　舉例而言，在「組織能力與政治技巧」這項職能，若團隊領導人看到某個部屬「展現了成功解決組織問題的聰敏能力的例子」，就可以給她3分；若她「認知到、並且能夠有效應付棘手的政治情況」，就可以給她4分。組織要求你根據參照行為來進行職能評分，並且據此作為你的基礎，建構你對此人的績效與潛力的總評分，然後在人才盤點會議中，她就是這樣被描繪的。

　　人才盤點向來一年只做一或兩次，可是如同橋水投資的例子所示，伴隨智慧型手機的問世與普及，組織現在在技術上，可以做到一整年持續推出簡短的績效評量調查。每個人都可以被他們的同儕、直屬部屬和主管評量，這些評分在年中或年底時被匯總，產生最終的績效評分。一些創投公司投資的新創公司，現在領頭把持續評量帶入職場，而且已經愈來愈盛行到使得較有名氣的人力資本管理軟體供應商，爭相推出全天候的評量工具，大型組織如普華永道（PricewaterhouseCoopers）和奇異公司（General Electric），也建立了它們自己的版本。

　　這種爭相推出的即時評量的趨勢，顯得既必然、又瘋狂，這一切全都是為了回答組織關切的一個問題：「說到人才，我們的人才素質到底如何？」

　　這一切牽涉到你的利益，但你關切的面向與組織的不同。你應該不大關切職能、校準會議、參照行為之類的東

西，你甚至可能覺得這些東西，聽起來有點晦澀難解。你非常關心的是一些現實的事物，比方說，你的薪酬、晉升的可能性，甚至是否繼續被雇用？這些都在你未獲邀參加的一場會議中被決定。

在會議室裡的那些人 —— 有些人，你認識；有些人認識你；其餘的人，你從未見過他們，他們也從未見過你 —— 在談論著你和你的同事，在評價你，決定你落在哪個方格，藉此決定你辛苦工作了一年後得到什麼，也決定你接下來的職業發展。在你工作的頭幾年，可能沒有察覺到這個，一旦你得知了之後，將對此心心念念。你會想：我真希望這些人對我有好評，我非常非常希望這些人不要給我負評；但最重要的是，我希望在這間會議室裡，能夠對我作出真實的評價。這些，才是你真正關心的事情。

你將對這些評分級別、這些同儕評量調查、這些全天候的360度評量應用程式感到疑惑，你將會希望有足夠的科學支持它們，有足夠的嚴謹性與公正的流程，使你 —— 理想上最佳的你 —— 被正確描繪，然後一切就順其自然吧！至少，你作為一個人、一個團隊成員的真實價值，已經被公平地聽到了。

評量他人時的兩種主要障礙

可惜，你將會難過得知，在真實世界裡，你的這些期望都將落空。這些機制與會議 —— 模型、共識會議、詳

盡的職能清單、精心制定的評分級別，全都不會確保真實的你出現在人才盤點會議室裡，因為他們全都是基於一個信念：人們能夠可靠評量他人，但真相是：我們不能。

這個信念是個純真得令人沮喪的謊言，是職場上的第六個謊言。說它令人沮喪，是因為若經過足夠訓練，再加上一個設計得宜的工具，一個人可以變成他人技能與績效的可靠評量者，那可就方便太多了。試想，我們將能蒐集和匯總很多有關你的資料，然後根據這些資料，採取行動！我們將能正確評量你的績效和潛力，我們將能正確評估你的職能，可以透過你的主管、同事和部屬，檢視這一切以及更多，然後把這些資料輸入演算系統，得出一份晉升名單、接班人計畫、人才發展計畫、高潛力人才名單等。

但是，儘管有許多人資軟體系統聲稱可以做到這些；實際上，這些全都是不可能做到的事。**過去四十年，研究人員一再測試人們評量他人的能力，種種研究文獻全都得出一項結論：人類無法可靠評量其他人的任何特性。**[1]

看看任何一次近年的冬季奧運滑冰賽評分，就可以證明這點 —— 中國籍裁判和加拿大籍裁判，對於後外點冰三周跳（triple toe loop）的評分，怎麼會相差那麼多？不過，我們來看看真實世界中有關我們的評量能力（或欠缺評量能力）最具啟示的一項研究，這是由兩位教授史蒂芬・史考倫（Steven Scullen）和麥克・芒特（Michael Mount），以及工業／組織心理學家梅納德・高

夫（Maynard Goff）共同進行的研究。

他們蒐集分別由兩名部屬、兩名同儕、兩名上司對4,392位團隊領導人作出的評量，他們評量這些團隊領導人的各項領導職能，例如「管理工作的執行」、「促進團隊合作」、「分析問題」等，針對每項職能，有一列簡短的題目供他們作答（評分）。總計有超過25,000名評量者，得出近50萬筆評分。[2]

然後，這些研究人員思考一個問題：什麼最能解釋評量者的評量方式，亦即影響評量者評分的最大因素是什麼？是他們在組織中的相對位階（亦即你所有的部屬會給你相似的評分，這些評分明顯與你的同儕給你的評分不同，你的同儕給你的評分，又與你的上司給你的評分明顯不同）？抑或最大的影響因素是，評量者對你的整體表現的看法 —— 若評量者對你的整體表現有高評價，這是否會影響他／她對你每個評量項目的評分？還是說，最大的影響因素是每項職能的六個評量題目之一的評分，會影響他們對另外五個題目的評分；換言之，若評量者覺得你很有政治頭腦，他／她不僅會在這個題目上給予高分，也會在其他和政治頭腦相關的題目上全都給予高分？這三種可能的解釋 —— 研究人員給予的名稱分別是「評量者的視角」（rater perspective）、「整體表現」（overall performance）、「職能表現」（competency performance），分別與評量者試圖評量的東西（你在某項

技能上的表現）有關連性，其關連性一個比一個強，職能表現和這項特定技能的關連性最強。

顯然，每個評量者對每個評分都有自己的理由，但研究人員希望藉由剖析資料，看出什麼因素最能解釋整個型態。他們獲得的發現是，評分的差異性，有54％是源於單一因素：評量者的獨特個性。資料顯示，每一個評量者 —— 不論他／她是上司、同儕或部屬，都展現出自己的特殊評量型態。有些人是十分寬大的評量者，偏向給高分；有些人則是嚴格的評量者，偏向給低分。有些評量者有自然的評分範圍，使用整個1至5分的級別；有些人則似乎更自在於把評分都集中於一個較窄的級別範圍內。每個人 —— 不論他／她有沒有意識到，都有個人獨特的評分型態，因此這個強大的影響被稱為「評量者特質效應」（Idiosyncratic Rater Effect）。

下列舉例說明。當露西評量查理的「策略性思考」這項職能的一系列評分題目時，她的評分出現一種明顯的型態，她的組織認為，這個型態反映的是她對查理的策略性思考能力的評價，若真是如此，那麼當露西接下來評量另一個團隊成員史奴比的「策略性思考」職能時，她的評分型態理應會改變，因為她現在評量的是另一個人，想必此人的策略性思考能力水準應該不同。但是，史考倫、芒特和高夫的研究卻顯示，露西在評量兩個不同的人時，她的評分型態並未改變。她的評分型態一直保持不變，不論她

評量的對象是誰，她的評分型態一直伴隨著她，因此她的評分反映她本身的成分，高於反映她的團隊成員的成分。**我們以為評量工具，是讓我們觀看他人的窗口；但實際上，它們只是鏡子，反映我們本身。**

　　順便一提，這「評量者特質效應」跟評量者本身對特定性別、種族或年齡的無意識偏見無關。當然，這類偏見是存在的，我們應該盡所能教導人們去除這類偏見。但是，這項研究的發現是，不論評量者和被評量者的性別、種族或年齡，「評量者特質效應」都存在。評分型態的特質，源自評量者本身的獨特性，似乎跟被評量者沒有多大的關係；事實上，就彷彿這些被評量者完全不在那裡似的。[3]

　　「評量者特質效應」的影響程度，令評量圈人士相當沮喪，因此他們非常努力試圖減輕或消除它的影響，例如：更詳細說明5分水準和4分水準的資格，對職能的每一級分提供參照行為……，這些全是為了消除「評量者特質效應」所做的努力。不幸的是，我們現在知道，這些更詳細的評分標準和參照行為，其實反而加大了「評量者特質效應」；評分尺度愈是複雜，個人獨特評分型態的影響性就更大。[4]這猶如我們被評分尺度的複雜性搞得招架不住，安全保險起見，便回復到我們的自然評分型態。

　　當我們用一份關於能力的調查題目來評量他人時，我們的評分方式有超過一半的成分，受到「評量者特質效應」的影響。關於職場上人們評量他人的方式，三項最大型的

研究調查得出非常相似的結論：評分的變異性中，有大約60％的成分，可歸因於評量者對評分尺度的不同反應。

由於你最關心的是人才盤點會議能夠對你作出真實的評量，你應該對前述研究發現感到非常憂心。這些研究發現指出，你的評分主要反映的是你的團隊領導人的評分型態，但是在人才盤點會議室裡的那些人，卻把這些評分視為你的績效型態。

就算我們真的能夠修正個人獨特的評分型態，還是有另一道障礙橫阻在我們前方。你的同事和你的互動根本不夠，不足以讓他們能夠正確評量你的影響技巧、政治頭腦、策略性思考，或任何抽象特質的水準。**在工作中，人們的時間和心力主要被工作占據，根本不可能持續密切注意同事，到足以對這些抽象特質作出允當評量。**

觀察不夠、所擁有的資料並不充分，因此這第二種障礙名為「資料不充分」（data insufficiency）。若是連冬季奧運滑冰賽的裁判，都無法對每個後外點冰三周跳的品質有一致評價，他們唯一能做的，就是坐在那裡觀看一個又一個的後外點冰三周跳，那麼試問你忙碌的同儕、部屬或上司，有可能正確評價你的「商業嗅覺」嗎？

就算我們改變工作世界，創造出一個「巡迴評量者」的職務，這些人的唯一職責就是漫遊在走廊上和會議室，實地即時觀察每個人的行動和反應，在素質清單上對每個人作出評分，我們仍然無法蒐集到好資料，這有部分是因為我們

的定義很差。「後外點冰三周跳」的定義是：向後滑行，用一足的後外刃起跳，同時用另一足的刀齒點冰輔助，旋轉三圈，接著以起跳的那一足的後外刃落冰，同時向後滑行；這是「後外點冰三周跳」的唯一定義。至於「商業嗅覺」的定義，查詢一下，你會看到類似下列的定義：

> 商業嗅覺指的是能夠了解一商業情況，並作出決定的敏銳度與速度……具有商業嗅覺的人……能夠取得有關一個情況的必要資訊，聚焦於關鍵目標，認知一項解決方案的相關選擇，並且挑選出一個適當的行動方案。[5]

但是，這只是你將看到的許多定義之一。此外，「向後滑行，用一足的後外刃起跳」這句話很明確，反觀「必要資訊」、「關鍵目標」、「適當的行動方案」這幾句話則是有點含糊。對誰而言「必要」？誰決定的「關鍵目標」？誰決定的「適當行動方案」？當然，每個人在看到定義時會想：「喔，很容易定義呀！」但問題就在於此，當我們評量他人的抽象特質時，我們反映自身的個人獨特性的範圍就更廣。由於一個人對「商業嗅覺」的理解，非常不同於另一個人的，縱使兩個高度訓練有素、十分聚焦的評量者，在評量同一個人的同一項素質時，也很難對同一項素質給予相同評分。

360 度調查的兩項謬論

不過，儘管有「評量者特質效應」和「資料不充分」這兩種主要障礙，仍然會有人告訴你：安啦！人才盤點會議將浮現真實的你，因為縱使與會者中可能有一個人是不可靠、深受個人特質影響的評量者，其他許多人都不是這樣。只要每個人對你有「大致正確」的了解，把所有「大致」加總起來，就能對你有滿清楚的了解。這就是 360 度調查的基本邏輯：一個人可能對你有錯誤的了解，但若十個人都說你欠缺商業嗅覺，那就可以穩當地說，你確實欠缺商業嗅覺了。

不幸的是，儘管這種思維普遍存在，卻是錯誤思維。它內含了兩項謬論，第一項涉及「群眾智慧」。詹姆斯・索羅維基（James Surowiecki）的著作《群眾的智慧》（*The Wisdom of Crowds*）使這個概念普及化，他在書中舉出許多例子，證明見多識廣的眾人結合起來的智慧，勝過單一天才。[6]

這本書一開始講述達爾文的表弟法蘭西斯・高爾頓爵士（Sir Francis Galton）的故事，1906 年時，他去參觀西英格蘭家畜家禽博覽會（West of England Fat Stock and Poultry Exhibition），看到一場活動，請大家猜測一頭牛的體重，獎金為 6 便士，有興趣參加的人可以去買張票，寫下猜測數字，誰猜測的數字和這頭牛的實際體重最接近，誰就贏得這 6 便士。高爾頓向來對統計和資料很有興

趣，因此就留了下來，直到活動主辦方宣布獎金得主後，他請主辦人提供近800位參賽者寫上猜測數字的票根。高爾頓把這些猜測數字加總平均之後，得出了1,197磅，這頭牛的實際重量是1,198磅，瞧！群眾多聰明！[7]

的確，見多識廣的群眾是聰明的，通常比一小群專家精英更聰明。但是，這句話裡頭有一項關鍵：「見多識廣」（well-informed）。創造群眾智慧的機制是，這群眾中有許多人具備跟探討的疑問相關的真實世界經驗。在這個例子中，參賽者大多來自附近農場，目測之下，大致知道牛的體重（就算他們不知道，他們對「體重」也有共通的了解。）把所有的「大致」加起來平均，得出的數字確實滿接近這頭牛的實際體重。

但是，若群眾孤陋寡聞呢？若要求群眾猜測的不是這頭牛的體重，而是牠身體裡的原子生命呢？或是讓他們猜測這頭牛有多「和善」呢？對於要猜測的事物，在缺乏任何真實世界的參考框架下，群眾將會一點也不聰明。當很多不常跟你接觸或互動的人，而且個個都對「商業嗅覺」的定義不同，被要求去評量你時，就會發生這種情形。360度調查，等於叫西英格蘭的民眾，去猜測一頭牛身體裡的原子數目。*

---

* 若你好奇的話，我們做過數學，這個問題的答案好像是大約 54,340,365,926,000,000,000,000,000，差不多是這個數目，你可以找一群人去查查看。

對於這點，反論是：在這個類比中，商業嗅覺更像牛的體重，沒那麼像牛的身體原子數目，我們知道商業嗅覺是什麼，所以我們其實能夠大致評量一個人的商業嗅覺。但是，我們從資料中發現，每個人似乎對商業嗅覺都有自己的獨特定義，而且我們愈嘗試用前文看到的那些行為說明將定義標準化，「評量者特質效應」就變得愈強。*同理適用於其他特性，例如影響技巧、決策或績效等，這些個個都是抽象的容器，我們對這些容器注入獨特的意義，我們並非見多識廣，只是評量者，我們的成效和猜測原子數目的農夫的成效差不多。這是**第一項跟群眾智慧有關的謬論 —— 群體總是比個人來得聰明。**

第二項謬論是：雖然某人對你的評量可能是不準確的資料，但若我們把它和另外六人同樣不準確的資料結合起來，將可以像變魔術般，把它變成好資料 —— 誤差將被平均後消除。但是，資料不是這麼運作的，誤差必須是隨機誤差，才能被平均後消除；若誤差是系統性誤差，例如：源自一個有缺陷的衡量方法或工具（我們評量他人的方法就是有缺陷的方法），那麼把這些誤差加總起來，將得出更多誤差，不是減少誤差。噪音加上噪音，再加上噪

---

* 之所以如此，原因之一是，讓我們回到前文的例子，「後外點冰跳」（toe loop jump）這個名稱還未出現之前，就已經存在這個動作與技巧了，因此它的名稱就內含了它的定義的精確性。而「商業嗅覺」是一個在我們提出名稱之後才存在的東西，因此它只是一個用其他抽象概念定義的抽象概念，將永遠頑固地排斥任何更多的精確定義。

音，絕對不會變成訊號，只是等於很多的噪音。事實上，
關於資料的一個事實是：噪音加上訊號，再加上訊號，再
加上訊號，仍然等於噪音，因為最小量的壞資料，會汙染
所有的好資料。

阿里爾六號衛星（Ariel 6）的故事，是一個非常有趣
的例子，這是1960年代和1970年代由英國設計打造，由
美國發射的一系列科學研究用衛星的最後一顆。阿里爾六
號衛星攜帶了三部儀器——一部宇宙射線偵測器，兩部
X射線偵測器，這兩部X射線偵測器校準於衛星的轉軸，
以瞄向一個特定恆星，整個衛星必須瞄向天空的一個特定
區域。為了做到這個姿勢控制，設計師們想出了一種巧妙
的方法，使用地球的磁場來測量這些偵測器瞄向何處，以
及改變衛星的實際方位。為了測量磁場，阿里爾六號衛星
上裝置了磁量針，而且是兩組，不只是為了備用，也為了
取得獨立測量出來的數據，結合起來平均，以降低任何隨
機誤差。

1979年夏天，阿里爾六號衛星被謹慎包裝好後，從
英國運送至維吉尼亞州東岸的美國航太總署瓦羅普斯飛
行基地（Wallops Flight Facility），安裝於一艘偵察機火箭
上，發射到太空。但馬上就發生種種問題：這顆衛星的轉
軸並未按照設計旋轉，而且有點不正常；電池的充電情形
有問題；不知為何，X射線偵測器偵測到的X射線，比科
學家預期的還少。科學家們決定進行測試，看看哪裡出

錯，於是他們調整衛星，讓它瞄向太空中X射線最強的源頭 —— 蟹狀星雲（Crab Nebula）。

把他們預期看到的，拿來和他們實際看到的相比較，他們得出兩項發現。第一，其中一部X射線偵測器的鏡子表面已經受到汙染，所以在未來的衛星發射任務中，X射線偵測器的鏡子都被保護好，直到可以安全地讓它們暴露於太空中。第二，阿里爾六號衛星顯然未瞄向該瞄向的區域，它偏離了幾度；原來，其中一組磁量計有問題，這使得平均數據中含有一個系統性誤差。這組磁量計產生的壞資料和另一組磁量計產生的好資料混合起來，導致衛星不知道它在何處，無法正確瞄向特定恆星。

評量圈抱持的論點是，若有任何個別資料來源是不正確的，我們總是可以從很多源頭取得很多資料，把不正確的資料給平均消除掉，這是錯誤且有害的觀念。把壞資料加到好資料裡，或是把好資料加到壞資料裡，都不會改善資料的品質，或是彌補資料本質上的缺陷。

阿里爾六號衛星的解決方案是，不採用那組有問題的磁量計提供的壞數據，只仰賴那組好的磁量計提供的好數據。但是，那些旨在辨識最佳人才的人才盤點會議卻沒有這個選項，所有這些會議都是有缺陷的，我們沒有良好的資料可以仰賴，我們實際上使用的是有問題的資料，把我們瞄向錯誤的人類明星。

好資料？壞資料？

截至目前為止，我們已經看到：1.）人類永遠不可能被訓練成能夠可靠地評量他人；2.）以這種方式產生的評量資料受到汙染，因為這些資料反映的，主要是評量者，不是被評量者；3.）這種汙染無法藉由加入更多受汙染的資料而去除。這意味的是，評量用的工具——不論是每年的敬業度調查、績效評量工具、360 度調查，或其他種種工具，都無法正確評量它們想要評量的東西。而這又意味，根據這些工具蒐集到的資料進行的討論，無法正確反映真實的你；面對這種糟糕的情況，我們到底該怎麼做？

一個明智的起始點是：學習區分好資料和壞資料。在職場上，幾乎人人都會告訴你，我們正一頭栽進大數據的世界，每個流程、結果、項目、個人喜好和互動將被捕捉、量化，輸入機器學習演算系統。大數據世界提供的希望是，有了這些即時蒐集的資料點，我們將能夠運用人工智慧檢視這些資料點之間的關係，從中學習，藉此來了解什麼東西可以有效預測什麼、頻率多高，以及在什麼情況下。

但是，這些演算系統研磨的若不是好資料，將不會產生任何有用的結果。若我們得知，把手機放在你的口袋裡，將會導致溫度計無法正確運作（別擔心，我們還未得知這點），那麼我們就無法從研究你的溫度資料中學到任何有用的東西，或是了解你的溫度和某個其他資料點之間

的關係，因為你所有的溫度資料，都被你口袋裡的手機汙染了。輸入不準確的資料，就得出不正確的發現。

那麼，究竟什麼是「好資料」？**好資料有三項特性：可靠（reliable）、有變化（variable）、有效（valid）。**

可靠的資料，指的是我們確信這是以牢靠、可預測的方式，確實評量所要評量的東西而產生的資料。最明顯可靠的資料，來自可以計算的東西，因為若一個東西可以被計算，不論是用手指計算，或是用某種度量工具計算，那麼不管用的是誰的手指或工具，都會得出相同的資料。你的身高是可靠的資料，你的薪資支票上載明的金額是可靠的資料，你去年缺席的工作天數是可靠的資料，某個春日下午辦公室外的溫度是可靠的資料。

但是，若我們在那個春日下午，帶著溫度計走到戶外，溫度計上顯示20.6℃，十分鐘後，溫度計上顯示-6.1℃，雖然理論上世界有可能急劇變冷，但更可能的情形是這只溫度計壞了。若再過十分鐘，溫度計顯示23.9℃，此時我們可以相當確定，溫度計真的壞了，不是地球壞掉了。我們可以做各種統計測試，來評估一個資料集的可靠性，但基本上，若我們評量的東西未改變，蒐集到的資料不變的話，我們通常傾向相信用來蒐集資料的工具。

至於不可靠的資料，則是搖擺不定的資料，本身持續變化。若在真實世界中，實際上沒有什麼東西改變，但評量工具蒐集到的資料卻有變化的話，就像那只故障的溫度

計，就不能信賴這項評量工具。這正是360度反饋工具不可靠的原因，照理說，它們所產生的資料，是評量被評量者的特定職能，但我們檢視這些資料時卻發現，資料本身是搖擺不定的，因為受到評量者個人獨特性的影響。

有變化的資料，指的是資料呈現自然、非強迫性的全距，亦即反映了真實世界中的真實全距。我們可以看一個度量工具，能否度量並顯示真實世界的全距，藉此判斷這個度量工具的品質。繼續以溫度計為例，若我們從商店購買了一只普通溫度計，最低顯示零下10℃，我們把它帶到南極，那這只溫度計會天天顯示零下10℃，儘管實際溫度遠比這個還要低很多。這只溫度計沒有能力度量我們想要它度量的全距，因此不是一個很好的度量工具，它會故障，不合用於我們手邊的工作。

若你曾經參加過訓練課程，被要求為課程評分的話，大概很熟悉這種千篇一律的評量工具 —— 以1至5分的級別回答這個問題：「整體而言，這是一個良好的學習體驗」，5分代表強烈同意，1分代表強烈不同意；你會發現，幾乎所有學員不是給4分，就是給5分。前述那只一般溫度計是不合用於南北極圈，而這項訓練課程評量工具則是設計不良，但兩者的結果基本上相同：產生的資料沒有全距，沒有自然變化。

績效評量工具同樣設計不良，當我們要求團隊領導人用5級別評量團隊成員時，得出的評分看起來就像使用了3

級別的工具，因為他們鮮少、甚至不曾使用最低分的兩個級別——正因如此，許多公司覺得必須強迫分配，因為若不這麼做，績效評量工具根本不會產生有全距的資料。

為了使評量工具產生全距，我們必須設計出內含極端措詞的調查題目。比方說，「我覺得我的工作和我的能力適配」，這樣的調查題目很難產生全距，因為幾乎人人都會回答「同意」或「強烈同意」。所以，當我們想要評量長處與職務角色的適配度時，我們會選擇這樣的構句：「我有機會在每天的工作中發揮長處」，「每天」這兩個字是極端，作用是把答題者推向評分級別的兩端，以產生全距。

回顧我們在第 1 章敘述的八道題目，你會發現，每一道都含有極端措詞，例如，用以評量使命與目的的題目並不是：「我相信我們公司的願景有價值」，而是：「我對我們公司的使命十分熱情。」這些看起來似乎只是小小的差異，但這些小小的差異，使工具變得有能力產生呈現真實世界全距的資料。

最後，我們必須考慮，可靠資料中的這個全距是否重要。這個評量工具中的高分，能夠預測真實世界中某個東西的高分嗎？這個評量工具中的變異性，跟真實世界中某個東西的變異性有關嗎？對資料技客來說，這是聖杯，它的適當名稱（可能不大討喜）是「效標關聯效度」（criterion-related validity）。若一個工具蒐集到的資料的全距，能夠預測某個東西的全距；若我們能夠一再證明，它

評量的東西和使用另一種不同工具評量的東西有關連性，或是能夠預測另一個結果，那麼我們可以說這個工具評量出來的資料有效。

舉例來說，若亞馬遜網站能夠證明，購買A商品的人也會購買B商品，那麼就可以說它的顧客推薦資料有效，或是具有效標關聯效度。當亞馬遜確知某個網頁的點擊次數，跟另一個網頁的點擊次數有相關性時，就能有把握地相信它在看的是有效的資料。

若在評量工具中對自己的敬業度給予更正面評分的那些人，確實任職於公司更久的時間，那麼我們可以說，這個評量工具得出的敬業度資料是有效的；或者，換個方式來說，它測得的敬業度分數的全距，可以有效預測自願離職率的全距。一筆可靠的資料預測了另一筆可靠的資料，就這樣，我們一步步謹慎地為關於這個世界的有效知識庫，增添了更多有效的知識。[8]

可靠、有變化、有效，這些是好資料的三項主要特徵，這三個概念將幫助你明智檢視任何擺在你眼前的資料。舉例來說，如果有人聲稱他的資料是有效的，你可以禮貌性問他，他能否證明這些資料已經被證實，可以用來預測真實世界中某個可被評量的東西？若他能夠證明這點，就像亞馬遜證明某個網頁的點擊，會帶動另一個網頁的點擊，那麼他的資料可能是有效的資料。

若某人叫你去注意一個資料集，你可以看看資料是否

呈現自然變化或全距。你可以要求看散布圖，若散布圖上的資料點全部集中於一邊，可能就不是好資料。當然，凡是必須透過校準或共識會議，藉由強迫分配來偽造出全距的資料，必定是壞資料。共識汙染了資料，全距是強迫出來的，所以這些資料是不好的。

不過，你的起始考量點永遠是可靠性。學統計的朋友會告訴你，**所有從資料中挖掘的發現，都必須以可靠性為基礎**。度量東西時，我們必須確保度量工具，不會產生搖擺不定的資料，因為若資料本身搖擺不定，我們無法相信資料的全距，也無法證明它的全距，能夠預測真實世界中我們感興趣的某個東西的全距。**沒有可靠性，就代表沒有效度，也就沒有知識，任何東西都是如此。**[9]

我們在前面的段落中看過，幾乎所有跟人（包括你在內）有關的資料，都有一個問題，那就是不可靠。目標資料說你的目標「達成了多少百分比」；職能資料把你拿來和抽象概念相比；評量資料則是透過不可靠的見證人，評量你的績效和潛力；資料本身搖擺不定，不能確實評量它要評量的東西。

這種系統性的不可靠性，最怪異的含義之一是：在所謂的大數據時代，竟然沒有組織能夠確鑿說出，什麼因素左右了工作者的效能 —— 至少，無法確知什麼因素，左右了知識工作者的效能。我們或許能夠有理說出，什麼因素左右了銷售業績或計件工作的產出，因為這兩者在本質

上都是能夠可靠度量的東西，可以被計算。至於其他工作，絕大多數的工作，我們無從得知什麼因素左右效能，因為沒有可靠的方法能夠評量效能。

我們不知道規模較大的團隊，是否比規模較小的團隊更能驅動人們的工作效能；我們不知道遠距工作者的工作效能，是否優於聚集同地工作者的效能；我們不知道文化多元性更高的團隊的表現，是否優於文化多元性較低的團隊；我們不知道外包接案者的效能，是否優於全職員工，還是相反；我們甚至無法證明，投資員工訓練和發展，必定可以產生更佳績效。凡此種種，我們都無法確知，正是因為我們沒有可靠的方法評量工作者的效能。

所以，當你讀到任何有關績效評估公正客觀性的肯定論點時，你的耳邊應該響起資料品質的警鐘，這些論點也許是正確的，但也可能不正確。在我們還沒有可靠的方法，可以公正評估個別知識工作者的效能之前 —— 不論是護士、軟體工程師、教師或建築工人，任何主張能夠驅動效能的論點，都是沒有效度的。沒有人能夠確定，而任何聲稱自己很確定的人，基本上可能完全不懂如何區別好資料與壞資料。

人們能夠可靠評量自己的體驗

那麼，你該怎麼辦？首先，你可以詢問：你的績效或潛力評分來自何處？你被評量了哪些職能？要求他們讓你

看評量問卷的調查題目，若你看到的問卷充滿了要評量者評量你的特定行為或職能的題目，詢問他們，這份問卷是否把「評量者特質效應」考慮進去？

當然，你得到的回應，很可能是對方茫然的眼神，所以你或許可以隨身攜帶這本書，或事先準備好前述提及的文章之一，提供給對方看。你可能不會看到這些評量工具或流程有任何立即性的改變，但至少你將有所警覺，可能也會開始獲得一個名聲——你是一個有智慧、嚴謹對所見資料提出疑問的人，而這是一種好名聲。

若你具有影響力和良善意圖，可以去做另一件事，那就是改變你們組織對人員的評量方式。因為總是有更好、更可靠的方法，可以取得關於員工表現的資料，這是基於下列這個**真相：雖然人們無法可靠評量他人，但能夠可靠評量自己的體驗。**

若我們請你評量你當地民意代表的政治嗅覺，你的評分不會是可靠評量，因為你無法觸及對方的心理，可靠評量對方是否具有這項抽象素質。但是，若我們問你，你今天打算投票給誰，你的回答就是一個可靠度量，這是一個遠遠更為謙遜的度量，因為它只請你告訴我們，你今天對你的投票偏好的感覺，但它可靠度量了它要度量的東西。

同理，若我們請你評估你一位團隊成員的「成長潛力」，那麼你的評量是不可靠的，因為什麼是「成長潛力」？你如何能夠作為它的評判者？但若我們問你，你今

天是否打算晉升此人，你的回答就是可靠的。雖然你無法進入對方的心理，正確了解她的成長潛力，但你能夠問自己，你今天是否打算晉升她，你得出的答案將是可靠的。（當我們報告自身的體驗時，我們擁有需要的全部資料 —— 我們擁有充分完整的資料，是因為我們經常和自己共處！）你的回答完全只針對它的目的 —— 你對她的主觀反應 —— 審慎評估後作出回答。這是一筆更謙遜的資料，也是一筆可靠的資料。

　　同理，你對一位團隊成員的「效能」評量是不可靠的，因為你對「效能」的定義，是你獨特的定義。但若我們問：「當你想要獲得優異的成果時，會不會找這位團隊成員來幫忙？」你的回答就完全可靠了。我們向你提出這個問題，並未要求你站在這位團隊成員之上、站在你本身之外，不帶感情、完全冷靜地評價她的效能，我們只是請你在內心思考後告訴我們，當你想要優異地完成某件事情時，是否有信心找她協助？

　　你的回答不會錯，因為這沒有對錯可言，你的回答只代表你的感覺 —— 你覺得自己會找這位團隊成員做或不做什麼。可能會有人不贊同你，但這並不代表這個人對或錯，只不過他／她對這位團隊成員的感覺與反應，和你的不同罷了。同樣地，這是一筆更謙遜的資料（只是評量你本身的體驗），也是一筆更可靠的資料（因為你很清楚自己的體驗。）

所以，**一般來說，若你想要獲得好資料，你的調查題目應該只要求答題者評量自己的體驗或意圖行動。**你或許不知道這類題目是否具有效度 —— 亦即，你不知道這些題目的回答，能否用來預測真實世界的某個東西，但至少你知道這些回答是可靠的。切記，可靠並不代表準確，可靠指的是這些東西不會任意波動，因此，當我們說你是你自身體驗或意圖的可靠評量者時，並不是說你是本身性格或效能的準確評量者。若我們請你評量你的效能、成長導向、學習敏捷力，你幾乎不可能準確評量 —— 若這些東西具體存在的話。我們只是說，你是你自己的內在體驗和意圖的可靠評量者，如此而已。

正確的評量題目設計：追求可靠的主觀

從這面透鏡來看，我們可以開始回答「如何評量知識工作者的效能」這個棘手問題，我們可以使用我們報告自身體驗和意圖行動的可靠性，設計不同的調查題目。**竅門在於反轉問題，別問某人是否具有某一素質，而是應該問：若此人具有這項素質，我們會如何反應？換言之，調查題目必須停止探索他人，應該探索「自己」。**這麼設計問卷調查的題目，就可以在每一季或每項專案結束時，詢問團隊領導人對每個團隊成員的感想，下列舉例說明實務做法。

我們可以詢問關於團隊成員的工作品質，例如在前幾

段提到的：「當你想要獲得優異的成果時，會不會找這位團隊成員來幫忙？」

我們可以詢問關於某個團隊成員的「合作精神」，但別要求團隊領導人評量此人的合作精神，而是改為詢問團隊領導人，面對一個具有高度合作精神的人時會怎麼做、感覺如何？例如：「你是否盡可能多選擇和這位團隊成員合作？」

我們可以詢問關於團隊成員的發展前景，但別要求團隊領導人評量這個人的潛力，或是其他抽象的特性，而是改為詢問團隊領導人的意圖，例如：「若今天你有晉升權和機會的話，你會拔擢此人嗎？」

我們也可能想問團隊領導人，是否對這位團隊成員的工作表現有擔心之處，對此，適當的問卷提問如下：「你是否認為此人有工作效能問題，是你必須馬上處理的？」

在此，我們提出了四個問題，請團隊領導人回答自己的感想和意圖行動。[10]這些問題的回答，並不能完美評量每個團隊成員的全部表現 —— 這是無法做到的，甚至無法定義，但它們至少讓我們可靠地看到，每個團隊領導人對每個團隊成員的感想，以及打算採取什麼行動。

我們往往認為，資料的主觀性是一個瑕疵，我們應該追求客觀資料。其實，**說到評量，追求客觀才是問題，我們應該追求的是：可靠的主觀**。前述這些問卷調查的題目，產生了可靠、主觀的資料，雖不充分，但已經揭露很

多。測量一個人的體重,雖然不能提供有關此人健康狀況的完整評估,但至少提供了一個可靠的評量,顯示此人的部分健康狀況;同理,前述四個題目讓我們可靠地看出,每個團隊成員的工作效能的部分狀況。

「何謂效能?」這個問題,就像「何謂健康?」這個問題般籠統,其實我們現在並不試圖去評量健康,我們使用的是許多各別的評量,例如:測量你的身體質量指數(Body Mass Index, BMI)是否過高,或是測量你的血糖值,或運動後的心跳恢復情形。我們可以對蒐集到的這些資訊採取行動,因為這些資訊的明確性,使我們可以進一步作出有益的探究與行動;反觀,對你的健康狀況給予4分的評分,沒有多大的幫助。為了了解工作者的效能,要訣在於別再把它當成一個概括的抽象概念來思考,應該開始尋找其中能夠可靠評量的成分,並且根據評量結果,採取行動。

當然,我們可能會擔心一些團隊領導人欠缺穩當的判斷力,但我們永遠無法找到一種有效的資料導向方法,辨識該信賴哪些領導人、不該信賴哪些領導人,因此最佳的行動方案是:直接請每個團隊領導人每季回答這類關於團隊成員的題目。這麼一來,在每次的人才盤點會議中,我們便明確知道,我們在檢視每個團隊領導人對每個團隊成員的感想和意圖行動。這是對資料的更謙遜看待,因為我們著眼於評量什麼,而非著眼於絕對真實性,我們可以確定取得的這些資

料是什麼,而可靠的績效評量資料應當如是。

其實,可靠的績效評量應該如下述面貌。下列是思科系統一群團隊領導人,對前述頭兩個題目的回答 —— 有關想要獲得優異成果的題目,以及盡可能選擇找這位團隊成員合作的題目(參見下頁圖表6-1)。思科使用演算系統,控制每個團隊領導人的獨特評量特徵,例如:他/她的評分是否比較寬大或嚴格,以及他/她總是傾向使用較廣或較窄的評分級別等,盡可能更正確捕捉每個團隊領導人的想法。

從圖表6-1可以看出,這些調查題目除了可靠,也創造了自然變化。思科不必做強迫分配,因為團隊領導人對這些審慎措詞的題目的回答,創造出自然的全距。

取得這些謙遜、可靠的真實世界資料後,思科接下來可以開始回答一些有趣的疑問了,並且根據回答來採取行動。該公司現在有了關於個別團隊成員的效能,以及敬業度的可靠、有變化、有效資料,因此可以開始檢視這兩者間的關連性。

舉例來說,思科發現,當團隊成員強烈覺得清楚了解組織對他的期望,經常有機會發揮長處,優異工作表現將會獲得賞識,而且在工作中經常被挑戰持續成長時(亦即在第1章提過的八道題目中有關於「我」的題目給予高分時),他的團隊領導人在獨立、不知道他的敬業度評分下,也傾向在第一個效能評量題目上 ——「當我需要優異的成

圖表6-1　**標準化評分的分配**

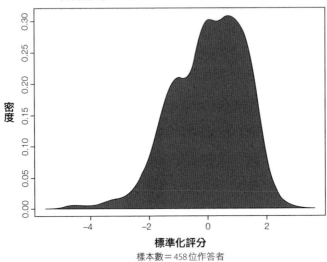

當我需要優異的成果時，我總是找這位團隊成員幫忙

樣本數＝458位作答者

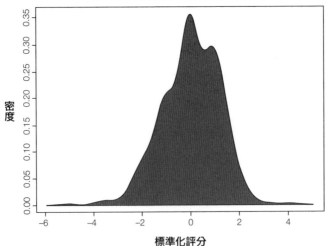

我總是盡可能選擇找這位團隊成員合作

樣本數＝458位作答者

果時，我總是會找這位團隊成員幫忙」，給予較高評分。

此外，當團隊成員強烈覺得周遭的人和他擁有相同的價值觀、隊友們相互支持時（這是兩個有關於「我們」的敬業度題目），他的團隊領導人在獨立、不知道他的敬業度評分下，也傾向在第二個效能評量題目上 ——「我總是盡可能選擇找這位團隊成員合作」，給予較高評分。

這些可不是純屬研究圈的東西，具有實務啟示。若你是一位團隊領導人，想要提升某個團隊成員的個人貢獻，應該和他／她談談期望、長處、賞識和成長；或者，你想要提升某個人的團隊貢獻，應該和他／她與整個團隊談談，你們所有人如何看待「卓越」的含義，大家可以如何相互支援。*

你只想要人才盤點會議室呈現事實

本章一開始詢問你，如何確信人才盤點會議中呈現的是真實的你，如何確信有關你的薪酬、下一個職務角色、你的升遷，以及你的職涯發展的這些決定，是根據對你的確實了解。其實，你並不想要真實的你在會議室裡呈現。

你不想要會議室裡的任何人，假裝他們對你這個人有可靠的評量，就如同你痛恨用單一評分來代表你的績效 —— 什麼叫3分？你絕對不是3分，因為你絕對不是一

---

* 想了解更多有關思科和ADP研究機構的研究發現，請參見本書附錄。

個數字。同理，對於那些更大聲宣稱了解你的所有職能的較新工具，你也會嗤之以鼻。它們根本就做不到，永遠也做不到，只不過是對那些聲稱代表你的壞資料添油加醋罷了。任何假裝揭露真實的你的工具，都是不可靠的工具。

　　你想要會議室裡呈現的，不是真實的你，而是「事實」。你不想讓那些試圖傲慢推測你的資料來代表你，只想讓簡單、可靠、謙遜捕捉團隊領導人對你的反應的那些資料來代表你，雖然這些資料不是你，也不該假裝就是你，反映的是你的主管、他／她的感覺，以及未來打算怎麼做，但是這樣就夠了，真的。

謊言#7

人們具有潛力

　　喬伊是個創業型的人，網際網路問世初期，他創立了一家開創性的黃頁簿公司，用繪圖技術整合目錄列表，並且爭取到一家創投公司的投資。投資人進來後，循著創投公司的尋常做法，他們評估該公司目前的高階主管領導此公司的未來的潛力；很不幸地，他們認為喬伊缺乏這方面的潛力。喬伊從未在高中和大學時代展現過領導力，他不是班代或長曲棍球隊隊長，這些投資人檢視他目前的工作及作風，判斷他欠缺樹立未來願景和組建高階領導團隊的潛力。於是，他們把他降級為首席工程師，自外引進一位專業主管，來領導與經營這家公司。

　　在首席工程師這個職位上，喬伊也沒能有亮眼表現，他有一些軟體技巧，但這些技巧不穩定，導致程式一團亂，其他經驗更豐富的軟體開發師，必須把這些程式拆解

開來，梳理一番。事實上，喬伊撰寫的程式太混亂了，以至於該公司產品的所有原始程式都得重寫。大家一致認為，喬伊雖然明顯很有幹勁，絕對無法成為公司的頂尖軟體工程師，因為他根本沒有足夠潛力。

地位降低，令喬伊愈來愈沮喪，在認知到投資人不看好他之下，他等到這家公司被收購後便離開，再創立一家金融服務公司。在這家新創的金融服務公司，喬伊一如既往，非常努力奮鬥，勇往直前。然後，這家新公司成長到夠大時，另一家更大的金融服務公司買下他的公司。

這家新公司的新領導人，同樣不看好他的潛力，或是對他的潛力感到疑惑，於是喬伊再度收拾包袱，離開了這家他創立的公司。這回，他打算看看能否轉戰機械與電機工程領域，做點有趣的事。喬伊創立先前的幾個事業目前前景未卜，都還沒賺到什麼錢，但因為他那些年的掌舵，這些公司現在雇用了數百名員工，打造出非常新穎的產品。若不是喬伊的創業及努力奮鬥，就不會有這些就業機會，也不會有這些產品；就這點來看，喬伊正是我們想要的團隊領導人：善用他的獨特長處，為所有人創造一個更好的未來。

喬伊的經驗擺在這裡很貼切，因為本章談的是未來；更確切地說，本章談你的未來，你的團隊裡所有人的未來，以及大大小小團隊裡的所有喬伊們 —— 那些被他們的公司誤解、貼錯標籤、錯誤管理，最終遭到完全漠視的人。

潛力評量，茲事體大

花片刻時間，想想你的團隊裡的所有人，讓每個人的臉孔和姓名浮現你的腦海，想像他們現在正在工作中，他們是什麼模樣？他們善於做什麼？不善於做什麼？嚮往做什麼？接著，若可以的話，請回答下列這個問題：他們當中，誰的潛力最大？

你遲早會當上團隊領導人，組織將問你這個問題，並要求你沿著九宮格圖表上代表「潛力」的那一軸，填入你的回答。在思考你的回答時，你很快就會遇上一些挑戰。你可能相當清楚傑克今天的工作表現非常好，但你不確定這是否意味著他有潛力。你可能同樣確定吉兒也表現得很好，但在此同時，你也認知到她的工作，很不同於傑克的工作。若他們其中一人有潛力，另一個人有沒有潛力呢？在普遍的認知裡，潛力似乎是一種大家都具有的素質，若真是這樣，那麼你如何評估兩個做不同工作的人分別的潛力？

若吉兒其實在她目前的職務上辛苦掙扎呢？你可能開始思忖，目前的表現是否相同於未來潛力，抑或目前的表現只是未來潛力的一條線索，又或者值得警覺的是，這兩者根本完全不相干。或許，你會心想，吉兒身上可能隱藏了非常善於做別的事的潛力。不過，你不見得會對此思考太久，因為若跟喬伊一樣，她似乎在一項職務上欠缺潛力，接著又在另一項職務上欠缺潛力，就很難說服你相信

她在另一項完全不同的職務上有潛力。若她現在辛苦掙扎，那麼不論去到哪裡，也會辛苦掙扎吧？

就算她現在並不辛苦掙扎，若她實際上是你團隊中目前表現優秀者之一，但她想要接受挑戰以獲得成長，你將被迫必須開始思考其他團隊裡的其他職務 —— 她也許可以做得一樣好，或甚至更好的職務。當她開始詢問你有關她的未來時（她必將這麼做），你很快就會發現自己霧裡看花，由於你對其他團隊裡的其他職務的熟悉程度，不若你對你團隊裡的職務的熟悉程度，你如何能確知她有沒有潛力可以在別處表現優異？身為一個優秀的團隊領導人，你相當清楚她目前的表現，因為那些都擺在你的眼前，但被要求去評估她的潛力，這需要你去展望一個你知道得遠遠更少的世界。

這可能滿令你生畏，尤其是你認知到你對吉兒的潛力的評估 —— 更確切地說，你對她的評價，很可能影響她一段長期間。若你對她的評價高，你傳達給其他團隊領導人的訊息是，吉兒現在是個「高潛力者」，不論她去到哪裡，都會帶著這個素質。她將引起其他團隊領導人的更多注意，將被給予更多機會、更多訓練、更多投資，爾後，萬一她的表現不佳，將有更多懷疑落在她的身上。反之，若你對她的潛力評價差，她將變成眾所周知的「低潛力者」，這是一個很難甩脫的標籤，不論她多麼努力，都難以改變外界對她的這個印象。

你對她的潛力評價 —— 或者，更正確地說，你對於她未來將帶給公司多少價值的推測，將以種種實質方式影響她的前途，這於你而言是要承擔的重責大任。

另一方面，吉兒可能知道，即將召開另一次的人才盤點會議了，她想知道自己會不會被列入「高潛力者」名單。跟你一樣，她不是很確知什麼是「潛力」，或什麼是「高潛力」，她只是天天努力把工作做好。她知道具有潛力是好事，將帶來種種好處及福利；但實際上，她真正想知道的是，她在目前的職務上是否表現得夠好，以及她接下來的職涯發展。

若你對她的潛力評價幫助到她的職涯發展，那很好，但若沒幫助，或是在被貼上「低潛力者」標籤後，導致她在未來發展方面較不可能獲得幫助，她將感到沮喪。這對她涉及了很大的利害，她將詢問你，你對她的潛力作出了什麼評價？屆時，你必須為你的評價提出解釋，這將是超棘手的一件事，因為你心裡知道，你其實並不是很清楚「潛力」究竟是什麼，沒有線索提示你，也沒有尺度供你用來評價她的潛力。

不過，這是稍後才要擔心的事，現下，你環顧四周，看到其他團隊的領導人，似乎能夠滿有把握地宣布他們團隊裡的哪些成員有潛力或沒潛力，於是你把吉兒必然提出的疑問拋諸腦後，拉出你的九宮格，盡你所能對她和她的未來作出正確評量。

潛力是什麼？

當然啦，你其實也不能怪罪你的公司讓你陷入這種高壓力境況，一如本書截至目前為止探討過的所有實務，對每個員工的潛力評量，是一些很良善且必要的意圖之下的產物。你的公司是一部最大化機器，想對有限資源作出最大利用，因此辨識該投資誰、如何投資，大大攸關了公司的利益。

問題出在公司對這些良善意圖的執行方式，舉例而言，為何公司要假定它只能從特定的某些人身上獲得好報酬呢？「我們的員工是我們最大的資產」這句陳詞濫調，當然適用公司所有員工呀。如前文所述，每個人的大腦一直到成年後，都有能力學習與成長，固然每個大腦的成長速度和方式不同，但這只是隱含每個人的學習速度與方式不同，並非指有些人有能力學習與成長，有些人沒有。因此，就任何稱職的最大化機器來說，最佳行動應該是去探查每個大腦在何處及如何成長得最多，而不是只聚焦於挑選出的一些大腦，把其他大腦甩在一旁。

但不幸的是，不知為何，公司大體上和這種自然多樣性背道而馳，覺得這麼做太雜、太個人化了，於是決定，最務實的方法是發明一種名為「潛力」的泛義素質，評量每個人的潛力，對具有高潛力的人作出最多投資，但不具潛力的人作出遠遠更少的投資。一如本書截至目前為止探

討的所有謊言,「人們有潛力」這個謊言,是組織的控管欲望和組織對個人差異性沒耐心之下的一個產物。

稍加思索,你就會發現,一個名為「潛力」的泛義素質,這樣的概念其實相當奇怪。查問一下,你會發現數百種不同的「潛力」定義,但也無須多費工夫詳查了,來看看《哈佛商業評論》上的定義:

> 高潛力者一貫且顯著地在各種場合與境況下表現優於同儕,在做到這些優異表現的同時,他們也以模範姿態,展現反映所屬公司文化與價值觀的行為。此外,他們在組織中的整個職涯歷程,展現了優異的成長與成功能力,比同儕群體成長與成功得更快速、更有成效。[1]

這似乎是非常令人嚮往的素質,誰不想要「表現優於同儕群體」,而且不只是在目前的職務上,是「在各種場合與境況下」;不只表現優異,還「反映所屬公司文化與價值觀」;在此同時,還展現「優異的成長能力」?高效能、體現文化、有高度的學習敏捷力,以及大量成功,這些全都是每個團隊領導人夢寐以求的素質。

不過,你幾乎馬上就會覺得定義不真實。首先,你會覺得,你雖然希望你的團隊裡有這樣的人,但你不認為你本身符合這樣的定義。當你想像最棒的你時,你會想到你

喜愛的一些具體活動，或是你很出色的技能，反觀這個定義，顯得很含糊，沒有提及任何實際工作。

其次，這個定義中的部分描述，似乎隱含你可以在任何地方、近乎任何事務上表現優異，因為它說：「在各種場合與境況下。」這不僅不可能，重點是，誰真的想成為這種萬事通啊？若我們真的具有這種素質，它隱含的不是我們獨特又出色，而是我們是空的學習容器、乾乾淨淨的板子，等著場合和境況來定義我們，善於學習但沒特色，這多鬱悶啊！

這個定義除了不真實到令人不安，其最有害的推論是，這個名為「潛力」的素質，是人們身上固定的東西，人們帶著這個素質從一個處境到另一個處境，不論他們遇上什麼「場合或境況」，那些具有高潛力的人，總是有特殊能力快速學習、成長更多、成就更多。高潛力等同於威利‧旺卡（Willy Wonka）的幸運金卡，有這張金卡，你就無往不利；不論去到哪裡，這張金卡都會賦予你其他人沒有的力量與管道。

我們在第4章區別了「特質」與「狀態」，特質是一個人與生俱來的東西，狀態是一個人身上可以改變的東西。使用這個框架來看，我們顯然把潛力視為一種特質──一個人與生俱來的，有些人具有的特質比其他人多，不論前往何處，這些特質都會跟隨著人。*

我們姑且假設潛力確實是一種特質，那麼我們遭遇到

的第一個問題是，該如何量測？如前文所述，想量測一種特質，我們無法請別人評量你的這項特質，因為任何評量者不可能有足夠的洞察力或客觀度進入你的心理，對他們看到的你的內在給予一個分數。在「潛力」這個例子中，量測的挑戰遠遠更大，因為我們要求評量者評量的東西，不是你目前行為中呈現的一種特質，而是一種推測──推測你具有某種特質，而且可能在未來的某種境況下展現此一特質的可能性。評量者根本不可能可靠地作出這種推測性評量，因此不論他的評量產生了什麼有關於你的資料，這些資料都將是非常糟糕的壞資料。可是，如同前述吉兒的例子，這些資料將影響被評量者的未來。

　　但是，潛力是能量測的東西嗎？我們真的認為人類身上有一種特質，賦予一些幸運的人不論在什麼場合或境況下都能成長得更多、學習得更多的能力嗎？我們真的可以把這種高潛力者放到任何處境中，他的潛力就會使他妥善調適，然後成功？這種籠統的潛力就像渦輪增壓機，能夠把工作中的任何輸入元素轉化成傑出表現？

　　若我們真的這麼認為，那就是完全缺乏任何證明的思想。過去數百年，我們好奇到底有沒有所謂「一般智力」（general intelligence）這種東西，也就是那難以捉摸的一

＊　不過，這麼一來，我們就可以提出下列疑問了：若潛力是一種與生俱來的特質，不會有太多改變，那麼我們幹麼每年都評量員工的潛力呢？

般智力因子（general factor, g factor），探索後發現，就算它真的存在，我們也無法發現。固然我們可以設計出一種測驗，來評量名為「智商」（IQ）的東西，但我們其實不大清楚「智商」是什麼，它似乎不能獨立預測教育上的成功、職場成就、健康或快樂，[2]它只是一個測驗得分。這智商測驗似乎至多只能告訴我們，若你的測驗得分低，你可能有認知障礙，因此在學習上有困難。因此，它可以預測一個人的問題，但不能預測或描述一個人的興旺與否。

同理，沒有證據可以證明「一般潛力」（general potential）的存在；相反地，證據指向不存在這種東西。我們已經知道，每個人的大腦成長，是靠著突觸連結的增加，而每個人的突觸型態都是獨特的，因此每個人的大腦成長都是獨特的。由此，我們知道：1.）所有人都有學習的能力；2.）每個人的學習能力表現不同；3.）雖然我們全都能夠在某件事上求得進步，但沒有人能夠改造我們的大腦，使它變得樣樣事情都做得優異。更簡單地說，**我們全都能夠有所進步，我們能進步的項目不同，進步方式不同，進步速度也不同。**

不該把員工分成「高潛力者」與「低潛力者」

所以，根本不存在「有潛力」這種東西；或者說，這種東西是存在的，但沒啥意義；又或者說，除了意指你是一個人類之外，沒有別的意義。說你這個人有潛力，只是

意指你有能力學習、成長與進步，就跟其他所有人一樣。不幸的是，這並不會顯露你到底能夠在哪些領域學習、成長與進步，或是如何學習、成長與進步，或是有多麼快速，或是在什麼條件下。

潛力，就跟人類一樣，不會告訴我們你是怎樣特殊的一個人，或什麼方向在未來最適合你這樣的人。當然啦，若「有潛力」只不過意味著你是一個人類，我們就不能評量你的潛力了。我們不能把公司的員工區分為高潛力者和低潛力者，就如同我們不能評量你作為人的成分與資格，把最多的資源和機會分配給「人的成分與資格最高者」，把最少的資源和機會分配給「人的成分與資格最低者」。

這種區分對一家公司的傷害很大，不審慎且不可靠地對一些員工貼上「高潛力者」的標籤，對其他人則是貼上「低潛力者」的標籤，這是非常不道德的。這麼做，是昭然地對大量的人烙上「較低下」的印記，而且這不是來自對目前表現的評量，而是來自評量者極不可靠地評量一些根本不存在的東西。這種對一些根本不存在的東西的評量，為一些人開啟了大門，賦予一些人名望，抬舉一些人，頌揚一些人，給予他們更光明的未來；在此同時，把其他人貶至「較低下」的地位，這是多麼昭然惡劣之舉。

這麼做也徒勞無益，最大化機器應該對每個員工作出最大利用，而非只是善用精選出來的一部分人。一些人具有高潛力，其他人則否，這種概念導致我們忽視而錯失隱

藏在每個團隊成員身上的奇特可能性，包括乍看之下似乎沒什麼可貢獻給團隊未來的那些人。若我們腦袋裡有一個先入為主的成見——縱使是像《哈佛商業評論》那麼詳細的定義——認定一個高潛力者應該做什麼、感覺起來像什麼，以及行為是什麼模樣，我們就不會再對每一個獨特團隊成員的許多未來可能性感到好奇了。

喬伊的員工顯然就是這樣，他們對於一個高潛力的執行長應該是什麼模樣，以及一個高潛力的軟體工程師應該是什麼模樣，已經有先入為主的看法，而喬伊看起來不符合他們腦海裡的這兩種素描。他們不再仔細檢視喬伊，開始對他變得不耐煩，削弱他的角色，把他放逐至邊界，然後當喬伊決定他最感興趣和最富挑戰性的工作在別處時，他們非常樂意送走他。

這對他們而言，可是一大憾事，因為「喬伊」是個假名，他的真名是馬斯克。[3]他創立的那家黃頁簿公司，被康柏電腦（Compaq）以3.07億美元收購；他創立的那家金融服務公司X.com，後來改名為PayPal，以15億美元賣給eBay。你可能會說：「是啊！但你們有沒有看到他最近做了什麼？」然後，你大概會提及他被美國證管會罰款了，還在一個播客節目中公然呼大麻，以及從我們撰寫這本書到你閱讀這本書的期間，他又做了什麼出格的事兒。

對此，我們的答覆是：「是啊！但你有沒有看到他最近做了什麼？」然後，我們會指出他改造了汽車業，重振

航太業，反直覺地對人工智慧的危險性提出警告。美國證管會在2018年對馬斯克祭出處罰之後，《紐約時報》立刻刊登了一篇報導，標題是〈有伊隆・馬斯克，電動車的前景更光明〉。[4]沒錯，馬斯克是一個最尖子型的領導人，經常做出衝動、不完美的行動，但是鄙視他的潛力，就是鄙視他這個人近乎一切的意義和價值。他或許是個麻煩難纏的人，經常發一些沒節制的推文，但若說馬斯克不是個高潛力者，那麼該是我們承認「高潛力」這個概念沒有任何用途的時候了。

人們有動能，不是有潛力

但是，公司仍會要求身為團隊領導人的你，評量你的團隊成員的潛力，團隊成員也會請你指導他們朝向更富挑戰性的工作，所以你該怎麼做？你如何能夠既遵從公司善用每位員工的需求，又不把你的團隊成員區分成人為具貶低性質的類別，例如高潛力者與低潛力者？

你可以先來一趟蘇格蘭北海岸之旅。想像你在鄰近蘇格蘭北部城鎮印威內斯（Inverness）的一個小小村莊落腳，開設一個熱氣球觀光事業，你的生意做得不錯——俯瞰那些秀麗的蘇格蘭高沼景色很吸引人，你的團隊已經成長到有五名優秀的熱氣球飛行員，其中一人名為毛琳。在一個下著毛毛雨的下午，毛琳來找你說：「我喜愛我目前的工作，但我想要繼續成長，持續接受挑戰，豐富我的

履歷，發展更多技能。我想成為一名滑翔機飛行員，你能夠幫助我嗎？」

你如何回答？

別問她：「毛琳，妳有足夠的潛力嗎？」，也別問：「毛琳，妳有成為滑翔機飛行員的足夠潛力嗎？」，別說這樣的話，因為在真實世界，人類不該對其他人說這樣的話。

不管是有意識或無意識的，你應該向她提出兩組不同性質的詢問，這兩組詢問將把我們帶離潛力，朝向遠遠更能幫助我們了解毛琳及指導她的職涯發展的概念。

第一組詢問聚焦於毛琳這個人，問她：「毛琳，妳最喜愛妳現在的工作的哪些部分？關於熱氣球，妳最喜愛的是什麼？妳喜愛操縱的感覺？升空時的興奮感？起飛時的感覺？還是，妳喜愛飛行的部分，輕如空氣的氣球穿越冷冽的北風，火焰校準得使氣球到達剛剛好的高度？抑或妳喜愛向乘客介紹景色，向他們述說他們可能不知道的有趣真相？」

然後，你再問她有關她接下來想做的工作，她為何會認為她可能喜歡滑翔機飛行員的工作？你甚至可以問她，她認為她的理想工作是什麼模樣？這些詢問可以幫助你了解毛琳這個人，她喜愛什麼，她熱中什麼，她的職涯有什麼渴望？基本上，你是在探索工作中的毛琳是什麼模樣。

第二組詢問聚焦於她如何走到目前的境界，她在過程中學到什麼？詢問她關於她目前的工作表現：她一個月完成了多少趟熱氣球之旅，載了多少乘客？詢問她擔任熱氣

球飛行員多久了？飛行時數多少，安全紀錄如何？她有多常把她操縱的熱氣球降落在指定區域範圍內？接著，探詢她的技能部分，但別詢問考績評分和360度評量分數，在真實世界裡沒有人在問這些。

你可以問她，是否取得熱氣球飛行員的一級、二級、三級證照，是否已經把技能延伸至取得巨型充氫飛船的飛行證照 —— 你心裡可以把這稱為「興登堡考驗」（Hindenburg test），＊還有她是否已經取得了滑翔機飛行員證照？這類詢問幫助你更了解毛琳的工作歷程 —— 從可量測的層面來說，她達成了什麼，學習了什麼？

從這兩組詢問獲得的回答，你將會發現，第一，工作上的毛琳是怎樣的人。這些是她的特質，這些是她的本質、持久的東西 —— 並不是說完全不會改變，但不容易改變。這些是她的獨特喜愛與抱負，不論去到哪裡，都會伴隨著她。就如同她的身體，不論她去哪裡，這些都會跟隨著她，你可以稱它們為她的「質量」（mass）。

第二，你將發掘她已經取得和應用，以幫助她朝向特定方向的一些東西 —— 她目前和過去的表現紀錄，以及她取得的證照。很顯然，她可以改變這其中的任何項目，這些是狀態。但由於它們描述她的工作歷程 —— 她如何做、做得多好、多快、朝著什麼方向？因此，你通常可以

＊ 興登堡號曾是世上最大的飛船，服役兩年，於1937年失火墜毀。

稱它們為她的「速率」（velocity）。

在物理學領域，質量和速率結合起來，產生一種不連續、可量測、可定義、有方向性的東西，名為「動能」（momentum）。這個原理也適用於團隊和團隊成員；毛琳有動能。

把關於毛琳的這兩個概念 —— 質量和速率 —— 區別開來，再使用「動能」來描述它們的結合，身為團隊領導人的你，就能夠採取種種對她有幫助的行動。

首先，拋棄把所有人區分為高潛力者和低潛力者的隔離概念與做法。「你有潛力或沒潛力？」，這個問題是為了滿足公司的利益而存在的（雖然有良善意圖，卻是錯誤的做法），對身為團隊領導人的你沒什麼助益，對毛琳更是既無趣，也完全沒幫助，因為她知道，重點不在於她能否學習與成長，重點在於她如何有效率地學習與成長，以及朝往什麼方向。

只有某些人有「潛能」，但人人都有「動能」。某個團隊成員的質量，可能高於另一個團隊成員，或速率高於另一個團隊成員的速率，或是朝往不同方向，但人人都有一些動能，問題不在於你是否本質上具有很多動能，問題在於你此時此刻有多少動能。

其次，你向她傳達務實的東西，那就是她此時此刻的動能速度與軌跡是：1.）可知的；2.）可改變的；3.）她能夠有所掌控。當你和她談她的動能時，你幫助她了解她

此時的境況，這不是為了讓她能被分類，然後被放進九宮格中的某一格，而是讓她能夠了解接下來的可能路徑。

她的事業正在一條特定軌跡上，以特定的速度移動，在你的幫助下，她可以檢視自己的成就、喜好與厭惡、技能與知識，看出自己可以在哪些地方加速，或是稍微改變一下路徑，甚至嘗試作出大躍進。潛力被視為一種固定、與生俱來的素質 —— 她是個高潛力者或低潛力者；但動能，根據定義，動能總是處於變化狀態，若毛琳想要加速或改變方向，她可以這麼做。

第三，你可以幫助她辨識她目前的事業中，有哪些部分是她這個人本身的特質的函數，亦即不論她去到哪裡、在什麼處境，都可能伴隨著她的那些部分；以及哪些部分是完全取決於處境，亦即若她選擇改變，就能作出改變的那些部分。我們太貼近我們本身的表現，有時被職涯渴望所誤導，因此這種細膩、明確的洞察，非常有助於防止她作出不明智的事業行動。

最後，從動能角度來了解毛琳，不僅對她有益，也讓身為團隊領導人的你，擺脫必須根據一個謊言來決定她整個未來的沉重包袱。

「人們有潛力」—— 這個概念並不正確，或者，更確切地說，沒有助益；真相是：人們有動能。

潛力是單方面的評估，動能則是一種持續性的談話。在「潛力」的概念裡，難以想像若毛琳被推入低潛力者的

地牢後，關於她的職涯發展的談話會是怎樣的面貌。反觀「動能」則是相反於「不升職就淘汰」（up or out）的思維，這是最能使員工在評量敬業度與效能的問卷調查題目之一：「在我的工作中，我總是獲得挑戰持續成長」給予高評分的概念。若你和你們公司抱持潛力的概念，你的團隊成員不會一致對這道題目給予高評分，因為潛力的概念不會挑戰你成長，它告訴你，你要不就是能夠成長，要不就是不能成長。

評量人們的潛力，使他們感覺你在應付他們；評估人們的動能，使他們感覺自己被了解。更重要的是，評估他們的動能，幫助他們了解自己，鼓勵他們思考自己目前的境況，不是把這個境況視為一個靜止點，而是把它視為有目的移動中的一個獨特人類。

團隊領導人的重要性

若這種直接明瞭、關於前途的談話，就是發生在真實世界裡的談話，那我們就要問了：為何我們會陷入那怪異、形成區分隔離的潛力理論世界呢？「人們有潛力」這個謊言，又是一個有用的東西被概括化而變得無用的例子。

在前述的例子中，詢問毛琳是否具有把某項工作做好的「潛力」，這是完全適當的。可是，一旦我們把「毛琳的潛力」這個概念，和某項工作的具體需求與報酬給區分開來──亦即一旦我們不去探索毛琳這個人、她朝向何

處，以及這些東西如何與她接下來可能做的事情契合，而是把她的潛力當成她的某種抽象、神祕、基本素質，並且認為我們可以單獨評量她的這項素質，我們就陷入充滿謊言的不實世界了。

若我們本著為組織帶來可預測性和控管的名義，透過人員管理流程與制度，把這種思維予以制度化，那麼常理與人性，就會成為公司一貫的犧牲品，若員工因此感到惱怒，也沒什麼值得奇怪的了。此外，我們也很可能創造出一種鞏固與擴大偏見與推測的制度 —— 無可避免地，那些被我們評估為最有「潛力」的人，模樣和行為看起來跟我們本身的很像。

我們的人員管理工具和流程，永遠無法彌補糟糕的團隊領導人所造成的傷害。我們總喜歡這麼想，認為若你的團隊領導人漠視你，至少你的眾包反饋評量會對你的表現作出確實評價；或者，若你的團隊領導人從不詢問有關你的職涯發展，至少人才盤點會議會提供你未來的發展途徑。但是，這些和其他常見的實務，除了有我們已經在前文中看到的缺陷，**任何大規模制度永遠都無法複製一位團隊領導人能夠對成員提供的特殊、明確關注。**

再次強調，我們在團隊裡工作，團隊領導人能夠增色或損害我們的工作體驗。因此，公司與其投資於制度和流程，以便萬一團隊領導人有缺失時，可以作為補救，遠不如投資於幫助團隊領導人做好我們需要他們做的工作，方

法是：1.) 捨棄評量「潛力」的做法；2.) 教導團隊領導人有關人類成長的科學知識；3.) 敦促他們從「動能」的角度，和部屬討論職涯發展，亦即從每個團隊成員是怎樣的一個人，以及他／她的發展歷程速度等角度來討論。當然，比起購買使用最新的企業軟體，這種做法更辛苦，但這才是正確的做法。

當團隊領導人真正了解人們在真實世界裡如何發展職涯，就會開始像安迪那樣思考。

面向未來，磨練必要技能

安迪是思科系統的一名團隊領導人，不久前，他決定幫助他的每個團隊成員展望前途。首先，他請他們想像自己的夢想工作 —— 換言之，就是思考他們的志向，然後上領英（LinkedIn）網站搜尋，把志向變得實際。安迪把他們分成兩人一組，讓他們花兩個小時在領英網站上，搜尋和自己的理想最接近的工作，不限哪家公司或產業。安迪要求他們和同組的夥伴，把搜尋所得清單縮減到剩下一、兩個最令他們嚮往的工作。

接著，安迪請他們分析這些工作需要的技能、經驗和資格條件，再把這份清單拿來和他們每個人目前已經具備的技能、經驗和資格條件相比，指出他們想獲取哪些新技能、經驗和資格條件。

換言之，安迪並不是在評估他們的潛力，然後把他們

區分成誰能以某種方式成長、誰不能。他是在幫每個團隊成員釐清自己是怎樣的人、想朝向怎樣的境界發展（亦即他們的「質量」），以及已經具備和想要取得什麼樣的技能和經驗（亦即他們的「速率」。）

安迪認為人人都有動能，他的職責就是幫助他們了解，該如何管理自己的動能。他告訴我們：「我認為，在我們的團隊裡，有大量能量未被使用。我有很多同事就是這樣，只要給予適當的環境、適當的投入、適當的客戶，不管是什麼必要的適當條件，我們就是在找方法，促使他們發揮能量。」

安迪這種做法獲得了驚人的成效，他說：「我們坐在會議室裡看著彼此，發現我們的職涯前景比思科還要大，我們可以循著那些步驟前進，在市場中把我們自己定義為專業人士。」不僅如此，在他的鼓勵下，他的團隊成員把他們想學的許多技能，變成他們目前工作的一部分，使得他們每天的工作，都可以幫助發展未來想具備的技能。

安迪表示：「這改變了我們的談話。以前，我們談的是如何到外面找一份更好的工作，現在我們談的是，如何在我們現有的工作上，使自己變成最優秀的專業人員，在內部提供更好的服務，同時也磨練出我們可以帶到任何地方的技能。」

這是任何真正想對人員作出最大化利用的公司都想達到的境界。

工作與生活平衡最重要

　　工作很辛苦，你天天都覺得承受著壓力 —— 要有好表現，要推進與達成你的目標和目的，要賺足夠的錢養家，要學習如何以正確的方式為自己主張，以推進你的事業，賺到更多錢。你的頭頂上總是懸著變化帶來的威脅 —— 你的公司改變業務重心，把你的工作外包，或是找到能夠把你的工作做得更好、更快、更便宜的智能機器。還有那些你必須共事的人，這是一群不斷改變的人物卡司，有些在公司大樓的另一邊工作，有些在世界的另一頭工作，你尋求他們的通力合作，但難以釐清他們的動機和方法。

　　此外，上下班的通勤也很累人，天天都得在火車上、飛機上、公路上和許多人奮戰，大家搶著進、搶著出，城市裡的幹道交通壅塞，你的壓力更高了。每天四十五分

鐘，或一小時，或九十分鐘的上班通勤，或者兩小時的飛行（若你任職於大型顧問公司，必須出現在客戶公司的話），過了這一關，你才能展開這一天在工作上的競賽生活。下班回家途中，你偷得短暫片刻的抒壓，然後返抵家中，和家人快速地吃完晚餐之後，再度拿出手機，收發電子郵件和簡訊，以期完成最後一個工作上的要求，希望在明天早上沖澡之前，不會再出現需要你立即行動的訊息。

工作很辛苦，若你是個醫生的話，似乎特別辛苦。我們可能以為醫生的境況比其他人好，因為至少他們瘋狂的匆忙是為了真正重大、有意義的事 —— 若說我們從我們的工作生活學到了什麼，那必定是這個：我們渴望做有意義與目的的工作。我們想像，雖然醫生的工作也得填寫表格，歷經其他種種重複性質的行政作業，但他們可以看到病人一個接一個地痊癒，全都是靠著醫護的努力和專業。我們全都能夠那麼清楚、那麼經常看到我們的工作成就嗎？我們全都能做我們喜愛的事嗎？

不過，當我們檢視資料時，實際境況大不同於我們表面上看到的：儘管醫生的工作意圖純潔神聖，但他們的工作似乎比其他人的更辛苦，或者至少他們覺得更辛苦。根據梅約診所（Mayo Clinic）最近發表的一份調查報告，52％的醫生說他們過勞，他們得創傷後壓力症候群（PTSD）的比例是15％，是一般工作者的四倍，比伊拉克戰爭和阿富汗戰爭退役軍人得創傷後壓力症候群的比例高

出三個百分點。[1]這些高壓力無可避免對病患的醫療和醫生本身的福祉，有著可量化的負面影響。梅約診所的研究發現，醫生的過勞程度增加1％，就導致病患滿意度降低20％至30％；但更駭人的是，15％的醫生在他們的職涯中有藥物濫用問題，他們罹患憂鬱症和自殺的比例，是全美水準的兩倍。

根據醫生們的表述，情況只有往更糟的方向發展。梅約診所的這項調查報告進一步指出，80％的醫生認為醫療專業人員的地位式微，60％的醫生在職涯中將在工作上遭遇一次官司，最引人注意的是，73％的醫生不建議他們的孩子從醫。若這種趨勢繼續下去，到了2025年，美國將短缺超過兩萬名醫生。

資料告訴我們，唯一比醫生更辛苦的工作是急診室護士，過勞率及罹患憂鬱症的比例更高，得創傷後壓力症候群的比率是19％，是戰爭退役軍人的近兩倍。

醫療保健業嚴肅看待這些資料，投入很多時間及金錢於研討會、研究和實務實驗，全都意圖探究到底是什麼因素，導致工作如此令人士氣低落，以及有何矯正之道。

盛行的方法並不令人意外，雖然每個醫療機構採行的方法和優先要務不同，但大多抱持相同的假設：現在當醫生或護士的好辛苦，所以開明的醫院應該盡所能地幫助醫護人員從工作壓力中復原，應該設法把每週工作時數限制在低於60小時，以阻擋不斷升高的壓力。一些醫療機構

在急診室旁邊開闢冥想室，許多醫療機構使用電子醫療紀錄系統來支援醫護人員，也有醫療機構推出每月補助同仁與家人外出用餐的福利措施。

在壓力程度和壓力相關問題下，醫護人員成為其餘工作世界的一個極端例子。我們的經驗告訴我們，工作是一種勞累，是壓力源，是精力消耗器，若不謹慎，可能導致體能耗竭、情感空虛、憂鬱、過勞。**這是一種交易 ── 我們出賣我們的時間與才能，以賺取足夠的錢，購買我們喜愛的東西，供養我們所愛。**實際上，對於這樁交易中賺到的錢，在英文中，我們稱為「補償」（compensation），相同於我們受傷或被法律誤判後獲得的金錢名稱。由此來看，我們的薪資不只是金錢而已，而是補償工作本質上的悲苦的慰問金，你也可以說這是一種收買，收買你在工作上繼續撐下去。

工作甚至也是導致我們從另一件工作上分心之事。當我們需要完成某件重要的事情時，我們認知到，除非逃脫日常工作，否則難以做到。所以，我們得來場避靜領導會議，遠離日常工作的噪音和壓力，以便更專注於其他工作。

由於工作的影響作用，具有如此高的潛在危害，為免我們在辦公桌前斷了氣，顯然有理的預防措施是拿別的更好的東西來和它平衡一下，這樣更好的東西就是「生活」。

我們在工作中失去自我，在生活中重新找回自我。我們在工作中存活下來，但我們在生活中過活。工作掏空我

們，生活把我們填補回來。工作消耗我們，生活恢復我們
的元氣。

　　整個世界似乎都在說：工作帶來的辛苦、壓力等種種
問題，解方就是用生活來平衡它。

　　當然，我們在此把事情簡化了許多，**有些人成功在他
們的工作中找到很大的滿足感，也有人在工作外的生活中
承受著巨大的壓力**。我們也知道，有些工作似乎本質上就
很困難，或者本質上枯燥乏味。沒有人的工作或生活，是
一直都完全快樂的，或是完全可掌控的。

　　儘管如此，職場上普遍抱持的假設是「工作是有害
的」、「生活是有益的」，因此工作與生活平衡最重要。
在工作應徵者在面試過程中必問的問題清單上，「貴公司
支持工作與生活平衡嗎？」這個詢問和「該公司的文化如
何？」這個詢問並列，這可以解釋在緊俏的勞動市場上，
何以公司會彰顯它們內部提供乾洗服務、銀行服務、托
兒服務、安靜室、座椅上按摩服務、睡眠艙、豪華交通車
等。這些福利的意圖非常良善，員工通常給予高評價，它
們源於這個概念：在天平上，工作很重，開明的組織會盡
所能減輕這些重量，讓天平往生活的那端回傾。

追求平衡，就像西西弗斯推石上山

　　撇開良善意圖不談，這一切的問題始於「平衡」的概
念，這個概念有很長的歷史。

造訪聖塔芭芭拉要塞（Presidio of Santa Barbara）——西班牙探險隊為支援聖塔芭芭拉修道院（Mission of Santa Barbara）而興建的要塞，你會看到牆上有一張當時的要塞統領向他在墨西哥城的長官請求的供應品清單。申請單的日期是 1793 年，清單上除了「兩磅火槍手穗帶，細條，肩章用」和「三頂獺皮帽，黑色一頂，白色一頂」等項目，你還會看到「四磅玫瑰油，三盎司加拉帕粉，兩盎司甜水銀，一小盒十二只填入無籽棉花的拔罐。」

在後面這些品項中，有些可能被用來製作點心或飲茶，但其實另有一個主要用途。從古希臘醫師希波克拉底斯（Hippocrates）的時代，到十九世紀中期現代醫學的到來，人類的身體健康思想基礎是「平衡」這個概念。希波克拉底斯認為，人體內有四種體液 —— 黑膽汁、黃膽汁、血液、黏液，雖然每個人體內的每種體液量稍有不同，這形成我們的不同性格（例如，黏液量較多的人比較遲鈍、淡漠；血液量較多的人，比較泰然、樂觀），健康的人是這四種體液量保持完美平衡的人。

若你體內的這四種體液量失衡，你就會生病，醫生會叫你服用甜水銀，排掉你體內的一些黏液，或使用拔罐，浮出一些血液。等到你的體液恢復平衡時，你的疾病就會痊癒，恢復健康。所以，牆上清單裡的那些品項，是醫療用品。

歷經時日，這強調找到身體平衡的醫學理論，沾上了

心理的弦外之音 —— 若你性子太急躁，那是因為你體內的黃膽汁失衡；若你遲鈍懶散，那是因為你的體內有過多的黏液。由此，再衍生出對整個物理宇宙的解釋，四種體液的形而上推論是四種元素 —— 土、火、水、空氣，四者平衡，方能創造和諧。

這一切的意思是，我們人類顯然從很早、很早以前就喜歡平衡了，對我們來說，平衡似乎是正確、崇高、明智、健康的狀態，是我們全都應該努力追求的狀態。我們可以推測，平衡狀態的難以達到，更加增添了它的吸引力，它是那種總是在持續進行中、實際上極難達到的東西之一 —— 就像致力於補救我們的缺點，這件事也彷彿沒完沒了，難以達成。

你很努力追求平衡，對吧？你試圖在你自身、你的家人、你的朋友、你的同事、你的上司，以及你的社群的需求之間找到微妙平衡，你知道這每一群人對你有不同、往往相互衝突的需求，你致力於給每一群人適當的關注，滿足他們的不同需要，同時也照顧到你自身的需要。你在共乘車道上開視訊會議，然後不出聲地以口形對後座的孩子說：「抱歉！」總統日這個國定假日，你原本計畫好要和家人一起去郊遊的，但你爽約了，你的合理化辯解是：唉！這是週一，你的其他團隊成員似乎在線上，況且總統日其實也不算是什麼節日嘛。

你接下一個高挑戰性任務，因為這有可能（只是有可

能！）為你帶來加薪，或是至少一筆獎金，你就能為家人買棟更好的房子了。可是，因為你現在有更多的工作要做，花在這上頭的時間更多，你發現你無法出席學校董事會會議，或參加你表弟的婚禮，或上那線上管理課程，因為生活中充滿取捨，這是你的取捨。

你在同時轉動多個碟子，或拋接多顆球，或填補缺口——不管你使用什麼隱喻，你太熟悉這種感覺了！有太多的需求來自四面八方，一天二十四小時根本就不夠用。你告訴自己，只要你能讓所有碟子保持轉動，讓所有球維持在空中，把所有缺口都填補了，你或許就能分配你的關注和精力，使得工作上和生活中，沒有人覺得被你太過忽視。這麼一來，雖然你無法對所有人做到面面俱到，但你的努力不懈至少做到了某種公平分配。

但是，**真實世界裡可有人——不論男女，不論老少，不論貧富——確實做到微妙的平衡？**

若真有這樣的人，我們還未曾遇到。這也是平衡帶來的傷害多過益處的原因，追求平衡，感覺就像在篩選分類，就像試圖豎起某種擋牆，以阻擋對我們的時間數不盡的侵占，以及不斷要求我們做更多的工作期望。在此同時，還得擔心別人已經找到做得比我們更好的方法。當然，在工作與生活中，篩選分類可能有其必要，但絕對不夠，這麼做是在控管，但仍然使我們失去自我。反正，平衡終究是個達不到的目標，因為我們只是在不斷變化的世

界裡追求片刻的靜止，設若我們真的做到了平衡，我們也確知很快就有情況發生，推翻這個平衡，我們將再度辛苦努力把平衡之石推上山。平衡這個理想抹除了我們的人性——我們的本質與志向，使我們採取像西西弗斯推石上山般永無止境徒勞無功的應對策略。

那麼，我們該怎麼辦？工作可能很辛苦，生活也可能很辛苦，兩者的需求都太多了，多到沒有足夠的時間去應付。若平衡不是解方，那解方是什麼？

我們需要一種對工作與生活的新思維。

工作中的喜愛，找到你的熱情所在

在本書，我們透過檢視真實世界來尋找答案，而非看我們想望的世界。雖然乍看之下，似乎有一些東西是需要平衡的（例如體內的酸度或胰島素），但更仔細檢視，我們發現的是「流暢」（flow）。我們現在已經知道，所有物質都是由無數的（而非四種）粒子構成，這無數粒子之間的平衡，重要性遠不如這些粒子之間的持續關係，以及這些關係形成的生理、化學和物理流程。當一個東西的流程，能夠把來自世界的輸入物進行新陳代謝，產生有用的東西，並且能夠持續這麼做，這個東西才能被稱為「健康」。與其說健康是一種「平衡」，不如說它是一種「運轉」（motion）。

你就是一種這樣的流程，你和你的生活不是平衡，也

永遠不會是平衡。你是一個獨特的生物，以某種方式把來自世界的輸入物加以新陳代謝，產生有用的東西，而且你能夠持續這麼做。至少，當你健康時，當你處於你的最佳狀態時，當你發揮你所有的才能、作出貢獻時，你就是這樣的一個流程。當你蓬勃煥發時，你影響這個世界，世界也在影響你。你的世界為你的生活的所有領域提供原料——活動、情況、結果等，這其中的一些原料提振你，給你活力。你最健康的時候，是當你找到這種原料，汲取它，讓它成為你的能源，用它來作出貢獻，而這些貢獻實際上使你感到更有活力。

這種境界才是我們應該追求的，而不是追求平衡。那麼，我們應該稱這種境界為什麼呢？

希臘人稱它為「eudaimonia」，聽起來很像清潔用品的品牌，其實它的意思是：「在你最佳的狀態，你最充分、最純正的表現。」他們的思想是，每個人都有一個精靈（spirit），他們稱為守護靈（daimon），內含了我們最大、最獨特的可能性——我們的自然長處或才能，由於快樂出現於我們的角色、技能、團隊與環境背景的交集處，因此所有人應該追求的境界，是把這些可能性化為貢獻，藉此釋放我們的好精靈。

我們可以使用「eudaimonia」這個字，不過這個字雖然非常貼切捕捉了含義，卻有點拗口。所以，讓我們來探索這種境界在真實世界裡是什麼模樣（真實世界是那麼地

忙碌、那麼地令人心煩意亂，似乎不怎麼關心你的守護靈），看看能否找到一個比較接地氣的名詞。

麥爾斯是位醫師，更確切地說，他是麻醉科醫師 —— 讓你入睡、再把你弄醒的傢伙。他住在英國，英國稱麻醉科醫師為麻醉師，他喜愛他的工作，已經從事這行二十年。他的數萬名同事可能被過勞搞得焦頭爛額，但他似乎滿陶醉於他的工作。

我們訪談他，想了解一位在英國國民保健署（National Health Service）旗下的一所普通教學醫院的普通院區工作的普通醫生，為何能夠達到許多其他醫生做不到的那種心神境界。我們獲得一項粗略發現：麥爾斯並不喜歡病人；更確切地說，他似乎並不覺得幫助病人康復，是一件有趣的事。下列是我們得出此一發現的大致訪談內容。

馬克斯與艾希利：麥爾斯，在你的工作中，有什麼部分令你討厭或感到沮喪的嗎？

麥爾斯：除了工作時數嗎？

我們：是的。有任何跟工作本身有關的嗎？

麥爾斯：呃……我很不喜歡後續工作。

我們：什麼？

麥爾斯：是，我很不喜歡在手術後去看病人，查看他們的狀況如何，了解他們的復原情形，教他們一些返家後可以幫助減輕徵狀的做法。之後，過沒多

久，又要再一次探查追蹤他們的進展。這些，我一點都不喜歡。

我們：〔停頓片刻〕可是，這些不都是醫師要做的嗎？

麥爾斯：但我就是不喜歡。

我們：為何不喜歡？

麥爾斯：壓力。

我們：壓力？

麥爾斯：對，使他們康復的壓力。我的意思是，萬一他們沒有康復呢？人體是個複雜、有個性的有機體，充滿變數，再加上病人本身的生活型態、環境、心理、運氣等因素，誰知道他們的健康是否真的好轉啊？這對我來說，壓力太大了。

我們：喔。

所以，聽起來是這樣：一名很成功、快樂的醫師向我們透露，他在工作中最感到壓力的事情，就是去查看他的病人是否真的康復了。由於這似乎相悖於我們閱讀到的關於醫生滿足感的種種論點 —— 跟所有專業人士一樣，醫生應該「先問為什麼」；他們工作中的最大快樂，應該來自看到他們的真正目的獲得實現等，因此我們繼續探究下去。

我們：那你可以告訴我們，在你的工作中，有什麼是你很喜歡的嗎？

麥爾斯：當然可以。嗯，首先，我喜愛緊張。

我們：什麼？你剛剛不是說，你不喜歡壓力嗎？

麥爾斯：不，我是說，我不喜歡查看病人術後復原過程帶
給我的壓力，但我非常喜歡別人在生死間徘徊時
所帶來的那種緊張。關於麻醉的實際作用情形，
我們至今所知仍然很少。我開始做這行時，我
們大多使用硫噴妥納（sodium thiopental），現
在大家都使用新藥丙泊酚（propofol），就是麥
可・傑克森（Michael Jackson）死亡時被發現注
射的藥物之一，其實丙泊酚是遠遠更好的麻醉
藥，但沒人確知它的實際作用情形。這兩種藥似
乎都會減緩流經血液系統的礦物質，因此能夠讓
你睡著，但不會停止你的心跳，不過我們仍然不
大清楚這兩種藥實際上是如何做到這點的。讓一
個人睡著、讓他徘徊於生死之間，有時一次長達
十六個小時，但在此同時，你並不是很清楚是如
何做到的，或為何能做到，喔，我真是愛死了這
整個挑戰！

我們：你一直都很喜愛這個部分嗎？

麥爾斯：對，打從一開始就喜歡。使一個人進入麻醉鎮靜
狀態，然後再漸漸讓他恢復意識，有些人被這個
過程嚇壞了，但我對這向來都很入迷。我是一個
腎上腺素上癮者，和鯊魚共游啦，飛機跳傘啦，
這類活動，我都喜愛，能夠喚醒我，使我感覺有
活力。

我們：你還喜愛別的嗎？

麥爾斯：嗯……有啊。坦白說，我喜愛這項工作的責任。在英國，被認為應當了解每個病患全身的人是麻醉師，這種觀念在美國和加拿大就沒那麼重。外科醫師能夠修復心臟瓣膜，神經科醫師能夠梳理大腦，一般外科醫師能夠整理腸子，這些全都是重要的活兒，但全都非常專門性。必須了解全身——整個呼吸系統、心血管系統、胃腸系統等——的醫生是麻醉師，所有這些系統決定病人對藥物的反應，以及將如何停留於睡眠狀態。當你在麻醉鎮靜狀態時，你其實不是完全鎮靜，你一直保持起伏，我的工作是仔細注意病患整個人，非常了解他／她的全身，才能讓他／她保持起伏。當麻醉師，就像在開飛機，一個動作錯誤，別人可能開始盤旋下降，然後又一個輕微錯誤，盤旋下降的速度加快，你可能發現，你的病人瞬間急劇盤旋下降又下降，你完全失控。我喜愛這樣的責任，手術室裡有十二個人，他們全都仰賴你清楚了解病患整個人，維持住病患整個人。

我們：聽起來很嚇人。

麥爾斯：不會啊，其實很棒！天天都是，我愛極了。

我們不知道你對此作何感想，但採訪麥爾斯時，我們所做的就是一般採訪職場成功人士向來的做法：當下認真

傾聽，把它記錄下來，事後深思。我們獲得的發現，相同於我們先前的發現：某人對工作的實際感覺，鮮少吻合那些有關人們對他們的工作應該是什麼感覺的理論性模型。麥爾斯是個成功、出色的醫師，他討厭幫助病患術後復原的工作帶給他的壓力，但他喜愛把在生死間徘徊的病患維持於死亡門外，但在此同時，並不充分了解他到底是如何做到的那種緊張感。

或許，有人會這麼批評麥爾斯：「唉，所有醫生都應該喜歡見到病人復原，畢竟那是當醫生的目的呀？」可是，這樣的批評有何用呢？麥爾斯是麥爾斯，他不但知道他為何要當醫生、為何要成為麻醉師，他還明確知道他最喜愛麻醉師工作的哪些層面。別人盡可批評，但我們知道我們想要怎樣的麻醉師為我們做麻醉，我們想要樂在工作、著迷於自身職責的微妙複雜性、從致力於把別人維持在冥河岸上的緊張刺激中獲得樂趣的麻醉師。我們想要麥爾斯；無疑地，你也想要麥爾斯。

真希望你能在現場親自聽他的談話，因為他的語調與神情生動起伏，當他談到他喜愛這份工作的那些部分時，你可以感受到你面對的是一個特殊的心境 —— 一顆非常快樂的心，一個「善靈」。真希望所有的醫生，都能有這種感覺。

也希望你對你的工作有這種感覺。你知道你想要這種感覺，你聽到像麥爾斯這樣的人談論他對工作的體驗後，

你希望有一天，你也能對你的工作有這種感覺。並不是說，他天天都歡欣雀躍地上工，工作有辛苦的時候，也有精疲力盡的時候，大概也有非常糟糕、難過的時候。但你可以感受到他的樂趣，你也想要有這樣的工作樂趣，你想在工作中找到喜愛、發現熱情所在。

可是，當你開始這麼想的時候，幾乎馬上就打消了這個念頭，認為這是多愁善感、不切實際的想法。上YouTube 觀看點閱率高的畢業典禮來賓致詞，或是和一位良師益友共進午餐，幾乎可以保證你會聽到類似這樣的忠告：「做你喜愛的事情，你的人生就再也不會覺得自己在工作。」聽到這樣的話，你的心沉了下去，一方面，這樣的思想似乎很有道理 —— 若我們都能做自己喜愛的事，那就太棒了，不是嗎？可是，另一方面，在這個時代，這似乎很奢侈。你能夠做你喜愛的事情 —— 恭喜！你是幸運兒。但對我們其餘的人來說，工作就是一種必需品，喜愛是一種少見的附加物，是額外紅利。

不過，請稍待一會兒，我們將更深入探討「喜愛」的內涵。我們不是要把你拉離職場的辛苦現實，也不是要駁斥需要可靠資料和從可靠資料中獲得的發現，而是要更深入探索這兩者。為此，我們想分享一個**真相：最重要的，不是追求工作與生活的平衡，最重要的是找到工作中的喜愛、你的熱情所在。**

無疑地，「工作中的喜愛」聽起來不像「eudaimonia」

那麼拗口，但也可能令人覺得過於柔軟、空想，太遠離真實世界自由思想領導人的務實主義。若你這麼覺得，請耐心稍等。喜愛 —— 更確切地說，在你的工作中找到喜愛、發現熱情所在，不只是在「做你喜愛的事」，這項技巧將把我們直接帶到典型的務實主義境界。

只有你自己能夠發掘你的喜愛

不過，表面上看來，組織似乎不大關心「喜愛」這樣的東西。西南航空（Southwest Airlines）可以在飛機機身上貼個愛心標誌，臉書可以聲稱它的使命是「傳送愛」，但在這兩個例子中（在絕大多數其他例子亦然），這樣的「愛」指的是顧客，不是員工。絕大多數的公司更關心的是實質的東西：績效、目標、成就、紀律、執行、精確……，完成這一切，符合所有截止日期和要求的品質水準，或許就能在最後撒上一點愛。

若這是你對你們組織的觀點，那麼你和你的組織（若你的組織也抱持這種觀點的話）就搞錯了。因為事實上，就連最頑強務實、最績效導向的組織，也非常希望你在你的工作中找到喜愛，只不過它們不稱為「愛」。

你曾經深愛過嗎？回想你的那些經歷 —— 你深愛某人到迫不及待想見到他／她的地步，你感覺你們在一起的時光飛逝，分開後，你又非常想再見到他／她。

戀愛中的你是非常不同的你，從愛的美好透鏡看這個

世界，似乎人人都很棒，人們是美好的，世界是快樂、和善的，空氣中彌漫春天的氣息。愛使你振奮，把你抬升到一個新水平 —— 你最具生產力、最有創造力、最寬宏、最有韌性、最富創新力、最合作、最開放、最有效能的境界。當你陷入愛時，你棒透了。

再次看看這些形容詞：具生產力、有創造力、寬宏、有韌性、富創新力、合作、開放、有效能。這些不只是你希望你在生活中的面貌，或你的伴侶或家人希望看到的你，也是組織的執行長希望每個團隊領導人展現的特質。把戀愛中的你的特質清單，和你的執行長的理想員工特質清單並列比較，你將看到這兩份清單近乎相同。

但是，光是寫下這些特質，並不能讓你真實感受到它們，就如同你們組織光是在員工訓練課程中討論這些特質，並不會就此在你的身上創造出這些特質一樣。你和你們組織必須實際創造，才能夠獲得它們，而且你們只能夠透過愛來創造出這些特質。戀愛中的詩人聶魯達（Pablo Neruda）在詩作中寫了這一句：「我要像春天對待櫻桃樹般地對待妳」，這就是愛的力量。**愛使你綻放、蓬勃煥發，你期待你即將做的事；在做這件事情時，時光飛逝；做完之後，你渴望再來一次。**你體驗到「eudaimonia」，你的精靈作出了最充分、最美的表現。這是你們組織想要的境界，這是你想要自己達到的境界，這是你想要你的部屬達到的境界；你想要愛。

多數組織羞於使用「愛」這個字，偏好在企業場合更合宜的用詞，例如盡忠、積極、自發性的努力 —— 搞不好，你私下也希望我們羞於使用「愛」這個字呢。不過，在真實世界裡，我們必須正視我們實際希望人們達到的境界或感受，不使用攙水的版本。若我們希望員工蓬勃煥發，若我們希望他們富有創造力、入迷、寬宏、有韌性，我們就得幫助他們發掘麥爾斯找到的東西。工作中有「喜愛」，我們就應該使用這個字詞，我們應該探索每個人如何能在工作中找到喜愛。

我們應該認知的事實是，我們的組織永遠不會為我們發掘我們的喜愛，永遠不會為我們定義這點。長久以來，我們讓我們的組織挪用人性詞 —— 愛、熱情、興奮、激動等，它們說服自己相信，只要使用這些人性詞，它們就已經創造了名符其實的人性感覺。它們並沒有，也永遠做不到。組織是一個虛構的東西，是「主觀互證的現實」（參見第1章的討論），根本沒有足夠的真實性或人性，能夠知道**你喜愛工作中的哪些活動，只有你自己能夠知道，因為只有你夠貼近自己**，得以像麥爾斯那樣詳細知道你喜愛什麼、不喜愛什麼。基本上，麥爾斯說的是：「我喜愛的是這個東西，不是那個東西」，在他受雇成為醫師之前與之後，沒有人知道關於他的這些，這是他這個人的超驗部分，只有他能夠觸及。

同理也適用於你。有一小部分的你，是你們組織永遠

無法觸及、無從知道、無法看到，當然也絕對感覺不到的。正是這一部分的你——你的喜愛，你的感覺——使你在工作中感覺有活力，能夠有效完成帶給你驚奇和樂趣的事，那些你做得出奇地棒、令你的團隊驚豔，使你從內在徹底煥發光芒的事。

組織並非無力，但它們的力量（和它們的聲譽），來自它們組織明顯可見的東西的能力。若你的組織漠然、不經心，很容易會壓碎你的精靈，貶低或忽視你的守護靈，只有你能夠賦予它生命，只有你能把愛帶入你的工作世界。

當你這麼做時，將會發生種種好事。梅約診所設法把「工作中的喜愛」予以量化，詢問醫生他們的工作時間，有多少花在做他們最喜愛的活動？那些回答至少20％時間的醫生，過勞的風險明顯較低。這20％的水準每降低一個百分點，導致等量且近乎線性的過勞風險就提高。把喜愛從醫生的工作中移除，工作就變得令人煩躁，煩躁漸漸增加，直到造成傷害。

花一週時間和工作談戀愛，找出你的紅線

那麼，最重要的問題是，如何使這件事發生？不論我們稱它為「工作中的喜愛」、「eudaimonia」或別的，不變的事實是，工作之所以名為「工作」，不是沒有理由的，你的工作不僅忙碌、有時重複；更重要的是，它並非總是由你自主。你有一份工作，伴隨它而來的是特定的期

望成果，你有達成這些成果的責任。試問，喜愛跟這些有啥關係呢？

梅約診所的研究顯示，喜愛和工作真的大有關係。不論什麼職責角色，你可以、也應該把喜愛織入你的工作裡。若你懷疑的話，**調查資料顯示，對大多數的人而言，對工作無愛，問題主要不是出在工作太受限，而是出在我們不知道如何把喜愛織入自己的工作裡。**

ADP研究機構的工作者敬業度全球調查結果顯示，只有16％至17％的工作者說，他們有機會在每天的工作中發揮他們的長處；可是，在抽樣調查美國的一群工作者時，卻有72％的人說：「我有自由度可以調整我的職務角色，更搭配我的長處。」心理學領域稱這種不一致性為「看法與行為一致性」（attitude-behavior consistency）的問題 —— 我們知道可以調整自己的職務角色，使它變得更適合我們，但大多數的人不會這麼做。

接下來，我們要提供去除這個問題的方法，亦即如何刻意、負責任地把喜愛織入你的工作裡。

想想你所認識的最成功人士，未必是從金錢財富的角度來衡量的成功，從他對團隊和組織的貢獻角度來衡量的成功 —— 極富生產力、創造力、韌性，而且似乎可以和工作融為一體的人。想到此人，你可能心想：他真幸運；你可能心想：「他是如何找到這個角色的？他是如何找到這份工作的？他是如何開始過這種生活的？真希望我也能

夠像他這樣，找到特別適合我的工作。」

若你真的這麼想，那麼，首先，你能夠看出一個特別且可貴的東西，不錯；第二，你用錯動詞了，此人並非「找到」這份工作，他不是偶然碰到這份工作的，不是有一個完整而理想的工作在等著他，這份工作其實是他打造的。他獲得了一項職務，有一般的職務說明，然後在這項職務上，他認真看待他的喜愛，他漸漸地、積少成多地，把他做得最好的工作，變成職務中大部分的工作 —— 或許不是全部，但是很多，直到這項職務變成他這個人的一種表現形式。他不斷調整他的職務角色，直到它在種種最重要的層面，變得和他這個人很像 —— 它變成了他的一種展現。

你也可以這麼做。

一年兩次，每次花一週的時間，和你的工作談戀愛。請你挑選某個普通的工作週，整週隨身攜帶著一張紙（或電子裝置也可以），在這張紙上劃一條垂直中線，分成兩欄，一欄的最上方寫上「愛它」，另一欄的最上方寫上「厭惡它」。*在這一週內，每當你發現你有喜愛感的跡象

---

* 我們在世界各地分享這個練習時得知，各種語言及文化對「喜愛」（love）和「厭惡」（loathe）這兩個詞有不同用法，例如在荷蘭，沒有一個詞代表「喜愛」。所以，特地在此澄清，這個練習的主要概念是記錄你對工作內容的強烈正面反應和強烈負面反應，你可以根據這個原則來挑選你覺得合適的用詞。切記，你要留意的是你的極端體驗（極端喜歡、極端討厭），不是介於中間那些不特別喜歡或不特別討厭的體驗。

時 —— 你在做某件事之前，很期待去做；做這件事的時候，時間過得很快，你感覺進入忘我的境界；做完這件事之後，你很期待再做一次 —— 請在「愛它」這欄寫下這件事。

每當你發現自己有相反的感覺時 —— 你在做某件事之前，想辦法拖延，或是假借「訓練發展」的名義，把它交給新人；而且，你在做這件事的時候，感覺時間過得好慢，十分鐘感覺像漫長的四小時；做完這件事之後，你希望以後再也不用做這種工作 —— 請在「厭惡它」這欄寫下這件事。

一週中，顯然會有很多活動不屬於「愛它」欄，也不屬於「厭惡它」欄，但若你花一週時間和你的工作談戀愛，在當週結束時，你將在「愛它」欄裡看到令你感覺不同於其他活動的一些活動，它們對你有不同的情緒效價（emotional valence），在你心中產生明顯的正面感覺，它們吸引你、提振你。

把這些活動當成你的「紅線」。你的工作由許多活動 —— 許多線 —— 構成，但它們當中有一些線感覺起來似乎是特別強勁的材料所構成的。這些紅線是你喜愛的活動，你的挑戰是找出它們，以確保你下週能夠重現它們，改進它們，增色它們。這麼做是把這些紅線織入你的工作裡，一次一條，但你不需要最終得出一張大紅毯。

梅約診所的研究發現，當醫生的工作時間有超過

20％是做他們最喜愛的活動時，過勞風險並不會隨著這個比重的提高而再降低，20％這個數字是道門檻；也就是說，一點喜愛就能產生重大效果，當你刻意在你的整塊工作布料各處織入紅線，你就會感覺更強健，效能更好，復原得更快。

這些紅線是你的長處。通常，我們認為我們的長處就是我們擅長的事，弱點就是我們不擅長的事，因此我們的團隊領導人或同事，是我們的長處與弱點的最佳評判人。但是，如同我們在第4章看過的，這並不是長處與弱點的最佳定義。一項長處是任何能夠增強你的活動（就麻醉師麥爾斯來說，成功維持病患生命跡象的穩定，就是能夠增強他的活動），一項弱點則是任何會削弱你的活動，縱使你擅長這項活動也一樣（就麥爾斯來說，幫助別人術後復原，就是會削弱他的活動。）你的「表現」指的是你把一件事情做得很好、普通或很差，你的團隊領導人能夠評判你的表現；但是，你的團隊領導人和同事，無法評斷你的長處或弱點是什麼。

若你花一週時間和工作談戀愛，了解到你喜愛的活動之一，是在資料裡發掘型態，那麼你的團隊領導人便能合理評論你的表現：「嗯……你沒有把這些型態解釋得夠好」，或「你沒有發掘出有用的型態」，或「你沒有適當地把這些型態，放到PowerPoint投影片上」，你的團隊領導人有立場表示這些言論。但是，他不能說：「不，你

不喜愛在資料裡發掘型態」，就像我們不能對麥爾斯說：「不，你不喜愛維持病患生命跡象的穩定」，你的團隊領導人沒有立場說你的紅線不是紅線，你是這件事的唯一評判者。

別以為你的隊友的職務角色和你的一樣，他們的紅線也和你的紅線一樣。我們除了訪談麥爾斯，也訪談了其他麻醉師，他們的年齡和麥爾斯相近，跟麥爾斯任職於相同的醫療機構，但是當他們述說自己喜愛的事情時，內容完全和麥爾斯的不同。一位麻醉師喜愛手術前在病床邊和別人談話，以及術後讓病人逐漸恢復意識時所需要的鎮定，不能慌張，因為許多病人會因此受苦。另一位麻醉師最著迷於麻醉術的複雜性，致力於研究每種藥物的效果有多精確，請她談談「意識」到底是什麼時，你會聽到相同於麥爾斯在述說緊張帶給他的刺激感時所散發的那種熱情。

可是，你看著麥爾斯，絕對無從得知他的紅線是什麼。他的樣貌和行為，跟其他的中年英國醫生沒兩樣，他的紅線跟他的種族、性別、年齡或宗教信仰無關，只不過是他的獨特性的一種人為產物，除了染色體碰撞，沒什麼別的特別理由，麥爾斯就是喜愛他的工作的某些層面、厭惡某些層面。因此，辨識這些紅線，看出它們的本質，刻意把它們織入工作裡，全是他的責任，沒有人能夠為他做到這個 —— 不能為他辨識，也不能為他織入工作裡，只有他能夠本著推理、智慧和意圖，把喜愛帶入他的工作中。

當然，對你而言，也是如此。你和這個世界有獨特的關係，這個關係向你顯露只有你能看到的東西，它時時提供你織線的機會，但只有你知道那些線是不是紅線。世界不會為你做編織的工作，它才不關心你的紅線，唯一能夠停下腳步，足夠關注而去辨識這些紅線，並且有智慧地把它們織入你的工作布料裡的人是你。*

這個道理不只適用於你的工作生活，也適用於你的整體生活。儘管很多時候，你可能認為你的生活有許多不同的區隔，必須審慎地平衡這些區隔，但其實不然，你只有一個生活，它是一塊完整的布，讓你把紅線織入布料裡。你得自己去了解，在工作方面你喜愛什麼，在嗜好方面你喜愛什麼，在朋友方面你喜愛什麼，在家庭方面你喜愛什麼，這些東西，人人不同。因此，當你聽到別人說：「嗯……身為父親／朋友／同事，我認為你應該……」，切記，他們對你的了解，不同於你對自己的了解，雖然立意良善，卻是盲目的，你的世界只有你才能夠真正了解。

你應該每天工作十五小時嗎？你應該在30歲前有三個小孩嗎？你應該把全部時間投入你的事業，直到你負擔得起你將需要的日間托兒服務嗎？你應該一年休假六週，抑或不休假？你應該辭掉工作，去衝浪或開車到處玩？這

---

* 順帶一提，你經常被告知：「對你的職涯負起責任」，就是這個意思，指的是負起織入你的紅線的責任。

些全都是只有你能夠作出的抉擇，而作出明智抉擇的唯一方法，就是認知這個**真相：你的生命將給你力量，但前提是，你必須留意你對你選擇填入生命中的那些事件、活動與責任有何情緒反應。**

至於「厭惡欄」裡的那些活動呢？這些顯然是令你惱火的活動、你的薄弱織線，你的目標是盡可能讓更少的這類織線被織入你的生活布料裡 —— 要不就是完全停止這些活動，和喜愛或至少不討厭這些活動的人結成搭檔，讓他們來做這些活動；或是試試看，能否藉由和你喜愛的某個活動結合起來（和你的一條紅線編在一起），讓它們變得沒那麼討厭。當你開始以這種方式思考生活時，你將會很快地領悟到，不僅「平衡」是個沒有幫助的概念，而且我們分類錯誤 —— **在真實世界裡，我們天天辛苦對付的，主要不是工作與生活，而是喜愛與厭惡。**

注意辨識你的紅線，認真看待它們，它們是光，它們十分強勁，它們非常真實，它們是你的紅線。當你感到疲憊、過勞，或搖搖欲墜，一切彷彿要崩潰時，緊緊靠近它們，它們將牢牢地撐住你，直到你有力量再開始編織新的東西。這些編織的新東西 —— 新構想、新專案、新工作、新關係或新生活，在他人看來外部平衡，未必會是他人選擇或甚至認同的生活，也未必容易，但它們是你的，是只有你能夠感覺到的力量源頭所打造的。因此，它們將會強健、旺盛，不會枯萎，你也不會枯萎。

織入紅線，獲得滿足與成就感

若工作是為了做我們喜愛的活動，若工作是為了發掘我們喜愛什麼活動，這不是很棒嗎？但現在的我們顯然不這麼想，我們把工作視為一種交易：完成工作，取得酬勞，用這些錢去買喜歡的東西。若我們把它翻轉過來呢？若我們把工作的目的，改為幫助人們發現他們喜愛的事；若我們把美國管理協會的口號，從「透過人們，完成工作」（Get work done through people），改變為「透過工作，成就人們」（Get people done through work）呢？當然，我們做不到，因為人是複雜的，工作也是，生活亦然。不過，若我們把這件事試圖變成工作的重點之一：教導我們的孩子和大學畢業生、年輕與年長的工作者、第一份工作邁入第二個十年的人、第三份工作頭一年的人，如何使用工作的材料，去發掘他們自己的紅線，然後負起責任，把紅線編織成既精美又牢固的錦緞呢？

我們將不會在生產力上有淨損失，我們將會獲得更高的生產力，而且如同梅約診所的調查資料顯示，這樣的生產力將會相當強健，因為它有復原力和滿足與成就感作為支撐，畢竟工作應該是為了獲得滿足與成就感，不是嗎？

芭蕾舞者普魯寧

大約二十年前，13歲的烏克蘭體操運動員謝爾蓋‧

普魯寧（Sergei Polunin）離開他居住的貧窮小鎮，被帶到座落於倫敦里奇蒙公園的白屋（White Lodge, Richmond Park）——皇家芭蕾舞學校（Royal Ballet School）的青少年校區。接下來，普魯寧在這裡接受芭蕾舞訓練，他展現的傑出天賦，使他在19歲時成為皇家芭蕾舞團史上最年輕的男首席獨舞者，在倫敦，大家都認為他比巴瑞許尼可夫（Mikhail Baryshnikov）、紐瑞耶夫（Rudolf Nureyev），甚至尼金斯基（Vatslav Nijinsky）更優秀，是一世紀以來技巧最完美的芭蕾舞者，倫敦非常得意於挖掘和栽培他。

但是，沒有人真的了解他，也沒人真的在乎去了解他。他是一位熱情洋溢、充滿感情的芭蕾舞者，健碩但流暢，深情但狂暴，滿是刺青的身體，只不過是他需要推開界限的最明顯徵象而已。皇家芭蕾舞團管理者忽視這些，採取他們對待奇才的一貫做法：要求他循著皇家芭蕾模式的狹窄通道前進。他以典型的芭蕾表現形式與模式，表演經典芭蕾作品，他們要求他一做再做，光耀舞團，取悅倫敦民眾。他就這樣跳舞，跳舞，取悅人們，帶給人們驚歎，直到21歲的某一天，晉升首席舞者僅僅兩年後，他退出舞蹈界。

完美的皇家芭蕾舞者有一個型態，這個型態不關心普魯寧喜愛什麼，不關心他作為一名舞者的紅線；不幸的是，他本身也不夠強健到能夠相信，牢牢抓住這些紅線對

他來說是極為重要的。他被迫遵循這個型態，他讓他的紅線滑走，然後很快地，他就崩潰了。你也知道的，芭蕾是一種不能懈怠、高要求的技藝，若你在一個無愛的基石上建立技藝，最終只會倦怠，因為缺乏愛的技藝，向來等同於倦怠。**倦怠不是因為缺乏平衡，倦怠是因為缺乏喜愛。**

　　皇家芭蕾舞團在人才戰中獲勝，它發掘了一世紀以來最具技巧與抒情天賦的舞者，但是因為忽視他的喜愛，他們摧毀了他，這個世界也因此蒙受損失，他再也不能對芭蕾舞界作出貢獻。普魯寧胡亂度日了幾年，既不以倫敦為家，也不以烏克蘭為家，他失去了他的熱情，在父母離異之後，他孤獨飄泊。

　　後來，他做了一件事，若你曾經有過類似的鬆脫經驗，你可能也會這麼做：他發現了他知道自己喜愛的一件事 —— 一條磨損的紅線，他讓這條紅線引領他。他找他的一位編舞朋友，為他創作一支他真心喜愛的舞蹈，一支感情澎湃、技巧細膩的編舞。他不斷練習這件作品，然後在夏威夷的一個悶熱午後，他拍攝了兩次他跳這支舞的影片，張貼到 YouTube 上讓他的親近友人和家人看。當時，他根本不知道接下來會發生什麼，他只是抓住了一條強健的紅線，把它織成最起碼是原真的東西，冀望它有足夠的力量，把他拉回到他的生命軌道上。

　　2015 年情人節翌日，他在 YouTube 上悄悄發布了一支舞蹈影片 —— 愛爾蘭歌手赫齊爾（Hozier）的〈帶我

去教堂〉（"Take Me to Church"）的普魯寧
版本。

　　若你沒有看過這支影片，請花點時間
上YouTube看；看過之後，你將永遠不會忘
記這全長4分8秒的內容。不論你是不是芭
蕾舞迷，你都能夠看出，這不僅是一個窮其精力的男人的
作品，也是技藝和無限樂趣的純然表現。在影片中，你看
到這個男人認真對待他的喜愛，用技巧和修練交織它們，
為我們呈現了熱情洋溢、傑出且純淨的表演。你完全可以
看出，這是這個獨特個人最充分、最真實、最豐富的表
現。若你的團隊成員能有更像這樣的感覺，若你能夠幫助
他們如此認真看待他們的紅線──不是為了使他們對自
己有更好的感覺（雖然這也有幫助），而是讓他們能夠和
這個世界分享更多，你和你的團隊將會持續作出漂亮的
貢獻。

　　自影片發布之後，普魯寧這支影片的觀看人次已經超
過2,300萬，他在柯芬園（Covent Garden）、好萊塢露天
劇場（Hollywood Bowl）、《艾倫‧狄珍妮秀》（*The Ellen
DeGeneres Show*）等舞台表演過這支舞蹈，也在歐洲最著
名的芭蕾舞團以客座首席舞者的身分，重新發現他對他的
技藝的喜愛。不再被經典皇家芭蕾舞作品綁住的他，重新
發現了他在工作中的喜愛，而我們世人是受益者。

　　我們請你也這麼做，花一週時間，和你的工作談戀

愛，緊緊抓住你的紅線。是的，這有助於使你綻放、興旺，但最重要的是，這有助於你找到最佳途徑，和所有世人分享獨特的你。

人性的力量在於每個人的本質都是獨特的，這是特色，不是毛病。所以，**你的責任是認真看待你的獨特性，找出最有智慧、最誠實、最有效的途徑，把它貢獻給我們 —— 你的隊友、你的家人、你的社群和你的公司**。我們正在等待你，和我們分享你的獨特喜愛，但是人生苦短，請別讓我們等太久。

謊言 #9

領導力是一種東西

　　美國國家民權博物館（National Civil Rights Museum）位於田納西州曼非斯（Memphis），幾年前，我們造訪過這座博物館，在裡面待了兩、三個小時，了解民權運動，以及非裔美國人為終結制度性歧視和促成某種程度平等所作出的長期奮鬥。

　　這座博物館裡頭的布置，更確切地說，訪客體驗的布置，相當引人入勝。它不是布置了一系列的房間，讓你逐一進去參觀，它的主展示廳布置成一個大房間裡的一條迂迴通道，弄成像高牆迷宮一般，你在行進中會遇到依時序安排的各種展示和工藝品。首先看到的是美國內戰結束，短暫地看到了希望與可能性，但這些希望與可能性很快就被實行種族隔離制度的吉姆·克勞法（Jim Crow laws）掃到一旁。

然後，你看到對種族隔離制度的抗爭，促成了1954年「布朗訴托皮卡教育局案」（*Brown v. Board of Education of Topeka*）的判決。拐過一個彎角，你看到一輛巴士的全尺寸複製品 —— 一整輛的城市公車，不是嶄新、發亮的那種現代公車，而是舊式來回穿梭於人們生活中，把人們從一地載送至另一地、人們在車上想別的事情的那種巴士。不過，博物館展示這輛巴士，是為了讓我們想起劃分歷史時代的一起標誌性事件：1955年，工作了一天的蘿莎・帕克斯（Rosa Parks）在像這樣的一輛巴士上，在巴士司機命令她讓座給白人之下，堅決拒絕讓座給一名白人。這起事件引發了由一位當地教會的年輕牧師發起的抵制蒙哥馬利公車運動，是美國民權運動早期的爆發點之一。

一種名爲「領導力」的東西

本章要探討的主題，並不是領導力。

這已經成了一個老套 —— 在商管文獻中，哀歎有關領導力主題的巨量論述；列出在亞馬遜網站搜尋這個主題的書籍時，得出的書名總數；指出有關這個主題的文章、部落格、影片和激勵性演講的龐大數量，以此證明，「領導力」要不就是非常重要的主題，要不就是被過度分析的主題。若有可能萃取出所有這些著作和演講想要告訴我們的精華，那應該是這點：領導力對我們具有持久的魅力，我們想像，在工作中，它非常重要。

我們還可以再多說一點。我們可以說，世人普遍相信，某些人具有一種可定義的、一貫的、重要的、名為「領導力」的特質。某人具有一些使他成為領導人的特性，這些特性不同於他的技術性技能，例如他能否寫出好程式或好英文，也不同於人際關係或軟性技巧，例如他能否銷售東西，或成功談判一樁交易。

我們也可以說，我們傾向贊同，所有最卓越的領導人都具有這項或這些特質，所以領導力是存在於那些領導人身上的東西，這也是他們有能力領導的原因。因此，我們可以說，絕大多數的人會贊同，若你想要成為一個領導人，就必須具有這些特質。

這個論點的環狀邏輯令人沮喪：有一種名為「領導力」的東西，我們知道它是一種東西，因為領導者具備，否則他們就不會成為領導者了。這就好比在說：「你的貓有貓性，因為牠是一隻貓」，這也許是事實，但若你的倉鼠某天夢想成為一隻貓，前述論點對這隻倉鼠半點幫助也沒有。這種「當我們看到時，我們就會知道」的含糊性，可以部分解釋為何我們對「領導力」的談論這麼多，卻沒能幫助促進我們對它的了解，也沒能讓我們變得更善於領導。

或許是為了解決這種含糊性，一些人進一步嘗試指明構成領導力的一些特質。能夠鼓舞人心，這很重要；能夠提出並闡明一個願景，這也很重要；領導人當然要有能力研擬策略，並且有能力區別好策略與壞策略；有時，善於

執行 —— 成事 —— 的能力，也登上領導特質清單。領導人必須能夠為組織訂定一個方向，並且能夠把部屬校準於這個方向，激勵他們朝此方向前進。決策力總是在領導特質清單上名列前茅，還有，領導人必須善於管理衝突。創新與顛覆力通常也被列入；溝通技巧也名列前茅；具有所謂的「主管風範」（executive presence），也被視為重要特質。

在這一長串的特徵之外，還加入一些個性特質。領導需要真誠（能夠被視為是個很「真」的人），也常需要脆弱（要有勇氣在公開場合呈現不完美，不需要自己「事事正確」，也不需要自己是「房間裡最聰明的人」。）他們說，領導人得具備這些，還有一些其他的個性特質，才能夠和他人建立有效的關係。

但是，這些特質卻有著奇怪的限制：真誠是重要的，但真誠得有個上限，當領導人真誠到坦率說出他不知道該怎麼辦時，他的願景就破裂了。同理，脆弱是重要的，但脆弱得有個上限，當領導人對自己的缺點太過安然自在時，就會導致我們懷疑他，質疑他是否有足夠能力而能鼓舞人心。很顯然，我們需要真誠的自信和令人安心的脆弱，不論這些聽起來有多麼矛盾。在領導特質清單上的個性特質，就像童話故事《三隻小熊》中金髮女孩喝過的粥，既不能太熱，也不能太冷，必須恰到好處。

可是，當我們堅信工作中的領導力是非常棒的長處，一個人有愈強的領導力總是愈好，一個組織有愈多的領導

人總是愈好，在這種堅信之下，前述那些小矛盾被拋諸腦後了。你被告知，若想在資歷階梯上晉升，最重要的就是要「發展你的領導力」。

雖然有些人可能會選擇其他特質放進他們的領導特質清單，但前述這些特質可以合理地摘要理論世界的領導力觀點。本章要探討的主題並不是領導力，但這不是因為前述這些特質都沒有用（它們有用），也不是因為這個主題已經被探討到爛了（其實差不多），而是因為當我們認真檢視、深思時，我們覺察到，我們很可能完全誤解了領導力。

本書探討的最後一個謊言是：領導力是一種東西。

領導力並不是一組固定特質

2004年6月，阿拉巴馬州蒙哥馬利的一位警長副手在整理一個地下室時，發現了幾本嫌犯大頭照的檔案冊，這些照片冊很舊了，裡頭的照片被細心按照性別和種族分類。在標示為「黑人男性」的那一冊裡，有一頁是1956年2月22日抵制蒙哥馬利公車運動中遭到逮捕的89人其中幾位的照片。

今天，我們看著那一頁，十二名男子也望著我們。他們當中，有些人穿著不正式，有些人穿著正式；有些人較年輕，有些人年紀較大；有些人看起來憂心忡忡，有些人看起來順從，有些人看起來則目空一切。每個人胸前都有一個嫌犯編號，有些人用手舉著編號牌，有些人的編號牌

被掛在脖子上垂到胸前。我們知道這十二名男子的姓名，但除此之外，我們對他們所知甚少，我們知道他們的姓名，是因為他們一起做了某件事，這件事使我們對領導力有不同的思考。

這些男子的共通點，尤其可以用他們其中一人的身分來解釋。在這頁大頭照的最上排，編號7089的男子注視著鏡頭，他的淺色西裝整齊地扣上鈕扣，領帶筆直，雙手放在膝蓋上。拍照當時，他27歲，是蒙哥馬利市德克斯特大街浸信會教會（Dexter Avenue Baptist Church）的牧師。當蘿莎·帕克斯被逮捕後，他被要求領導於1955年12月展開的抵制蒙哥馬利公車運動，該運動獲得廣大參與，導致蒙哥馬利市公車系統陷入嚴重經濟問題。1956年年初，大陪審團起訴多名抵制運動參與者違反阿拉巴馬州反抵制法，這位牧師和另外88人遭到逮捕。

當然，現在世人都知道這位牧師的姓名是馬丁·路德·金恩（Martin Luther King, Jr.）。但是，這些照片的故事首先要告訴我們的，並不是他的故事，不是編號7089男子的故事，而是另外十一名男子的故事。這是一個在所有關於領導力的理論中，在所有清單與職能中，在所有文章、問卷調查、評量、書籍中，在所有剖析與分類中，很不幸被遺漏的故事。因為領導不是存在於抽象世界，不是存在於平庸中；領導存在於真實世界。

看看這個世界，我們看到的是下述事實。

第一，領導能力很稀有。金恩能夠從抵制蒙哥馬利公車運動中崛起，成為數千萬人追隨的全國領袖，這不是必然的。當時，還有其他優秀人士指導蒙哥馬利改進協會（Montgomery Improvement Association），而在其他更早的抵制公車運動中，例如早幾年爆發於路易斯安那州巴頓魯治市（Baton Rouge）的抵制公車運動，也有優秀的領導人士。但是，金恩在抵制蒙哥馬利公車運動中的表現有特別之處。

我們如此崇拜具有這項特殊能力的人，我們花了那麼多時間尋求這項能力，並且試圖獲得更多這種能力，我們在思考組織時，這項能力扮演了如此重要的角色，這一切都點出這項能力並非普遍存在，而是十分稀有。這種稀有性駁斥了一個被普遍抱持的觀點 —— 我們全都能夠變得更善於領導。若領導是件容易的事，理當有更多優秀的領導人；若有更多優秀的領導人，我們大概就不會那麼關注這個主題了。

第二，領導者有缺點。領導者具有的技巧並不完備，我們不需要胡佛（J. Edgar Hoover）的監視檔案揭露，金恩並不具有完美領導人應該具有的每一種特質。這令人感到困惑，因為它挑戰了下列這個論點：事實上，有一份領導特質清單，這些特質個個都是必要。針對這份清單上的每一種特質，我們都可以想到真實世界裡某個欠缺此一特質、但受到推崇的領導人。若領導人必須能夠鼓舞人心

或提出願景，那我們該如何看待華倫‧巴菲特（Warren Buffett）呢？身為一個領導人，他的首要活動似乎是坐在內布拉斯加州奧馬哈的辦公室裡，一邊喝著櫻桃可樂，一邊尋找可以購買的公司。

若領導人必須提出致勝策略，那我們該如何看待邱吉爾（Winston Churchill）呢？他在1920年代和1930年代推出的糟糕政策，導致他被逐出政府。若領導人得具有優異的執行力與溝通技巧，那我們該如何看待英國國王喬治六世（King George VI）呢？他在二次大戰期間領導英國，甚受崇敬，但他極度拙於公開談話，也不處於執行任何事的職位上。若領導人必須能夠建立一個致勝結盟，那麼我們該如何看待美國民權運動和女權運動領袖蘇珊‧安東尼（Susan B. Anthony）呢？她和其他女性投票權運動領袖的失和，導致該運動分裂長達二十年。

若領導人得有道德，那我們該如何看待賈伯斯呢？他每半年購買一部新車，以避開註冊車籍，這樣他就能夠隨心所欲地把車停放在殘障人士專用停車格裡。若領導人得關懷、照顧部屬，那我們該如何看待巴頓將軍（George Patton），以及他掌摑患有創傷後壓力症候群的士兵的行為呢？若領導人得真誠，我們要如何看待約翰‧甘迺迪（John F. Kennedy）隱瞞其疾病和風流韻事的行為呢？

若所有模範與特質清單上的項目並非全都必備，這意味什麼？來自真實世界的啟示：並不是每個領導人都具備

了特定的一組特質，我們能想到的每個領導人都有明顯的缺點；領導人並不完美，離完美境界差得遠了。

最後，領導並不是成為多才多藝者當中最多才多藝的人。如第4章所述，最優秀的人才不是通才，我們在真實世界裡看到的領導人，更加不是多才多藝的人。跟前文中提到的一些傑出表現者，例如梅西和他的黃金左腳，我們並未看到最受推崇的領導人花太多時間試圖把自己變成多才多藝的人，試圖發展他們欠缺的能力。我們看到的是，這些領導人設法對他們已有的才能作出最大利用，其結果是，他們的領導方式大不相同。由此可見，領導跟所有其他領域的人類活動一樣，高效能是個人獨特性使然，效能愈高，個人獨特性的成分愈高。

金恩也是一樣，他有十分獨特的領導風格和方法，他的領導才能與成效並非靠著努力使自己變得多才多藝，取得帕克斯、麥爾坎·X（Malcolm X）或拉爾夫·阿伯內西（Ralph Abernathy）具有的技巧，而是在起始點、蘊釀時期和危機時刻，使用他本身作為一個領導人的特殊天賦，我們將在後文中談論這點。

所以說，「領導是一種東西」這樣的論點是個謊言。若你把這個東西的任何一個定義應用於真實世界，你將會遇到一個又一個的例外，無數個不符合此一定義的例外。我們至少可以這麼總結：若真有什麼神奇的領導特質組合，我們迄今尚未發現它們是哪些特質，但有很多領導人

在欠缺許多這些特質下，做了很多領導的事。既然如此，那麼那些所謂構成領導力的東西，既沒能幫助我們更了解領導，也沒能幫助我們變得更善於領導。

領導者是有追隨者的人

若真實世界告訴我們，領導力並不是一種由一組特質所構成的東西，那麼它是否提供了什麼我們可以從中學習的線索呢？我們只能說，領導是不受控制、永遠保持神祕，裡面裝了各種技巧、特性、心態和特質的彩袋嗎？抑或有別的途徑，可以了解領導究竟是什麼？

1956 年發生於蒙哥馬利市的事件中，最值得注意的，不是有一個人站出來表達立場，結果入獄，也不是這個男人說了什麼或做了什麼，而是其他人選擇追隨他。那頁嫌犯大頭照呈現的是一名領導人和他的追隨者的照片，因為這十一個人在那天選擇追隨他，因此六十年後，我們才知道他們的姓名。在遭受身體攻擊、恐嚇、火焰炸彈攻擊之中，這十一個人看到了金恩身上的特別之處，這讓他們選擇追隨他，因為他們的追隨，因為接下來多年間無數人的追隨，我們才把金恩視為一個領袖。

這是來自真實世界**有關領導的真正啟示：一個領導者是有追隨者的人**，就是這麼簡單。**一個人是否為領導者，唯一的決定因子是有沒有人追隨。**

這句話聽起來似乎很顯然、平淡無奇，但想起我們多

麼忽視它的含義時，就不會這麼認為了。當我們談到領導人是策略、執行、願景、演說能力、關係、魅力等的模範時，極少談到追隨者的需求、感覺、害怕與希望，這很奇怪。「領導」的概念普遍欠缺了「追隨者」的概念，「領導」的概念普遍疏忽了一個概念：領導本質上是一種特殊的人際關係 —— 為何有人會選擇把心力貢獻給某人，為何會選擇為此人冒險。因此，「領導」的概念，完全沒有抓住要領。[1]

　　領導者是一個有追隨者的人，這個論點並不是從一份技巧、特質或職能清單中產生的；它跟一個人在組織層級中的位階無關；它其實也沒有告訴我們多少有關領導人本身的個性。但這個論點抓住了領導的一項要件 —— 你可以說這是領導力的石蕊試紙，這項要件十分明確，那就是有沒有追隨者？

　　所以，我們真正應該問的是這個：我們為何會追隨某人？是什麼促使我們辛苦努力到深夜，超越自身的期望？是什麼使我們把某人推到隊伍的最前頭？是什麼使我們自願把一部分命運交到某人手上？是什麼使我們把生命交託給某人？

　　是什麼使那十一個男人，把他們的福祉和希望託付給編號7089？

卓越領導：創造追隨者的8種感覺

我們可以從本書第1章談到的那八道問卷調查題目看出部分答案。如前所述，那八道題目評量團隊成員的感覺，這些題目的評分和團隊效能水準有高度的正相關，亦即高效能團隊的成員在這八道題目給予高評分。因此，這八道題目評量的感覺，是追隨者對他們的領導人的需求。

廣義地說，我們需要感覺自己屬於一個較大的群體 ——「最好的我們」；在此同時，我們需要感覺領導人知道且重視我們是怎樣的獨特個人 ——「最好的我」。

更確切地說，我們追隨的是這樣的領導人：以我們相信的使命來團結我們；能夠釐清對我們的期望；讓我們周遭充滿對卓越的定義與我們相同的隊友；重視我們的長處；使我們確信我們的隊友，總是可以當我們的靠山；勤於重播我們的優異表現；能夠挑戰我們持續進步；使我們對未來有信心。

這不是一份領導特質清單，而是追隨者的感覺。我們說，領導力其實是一種東西，當我們看到時，我們就會知道，但我們實際上並沒有「看到」一個人身上可定義的特質組合，我們「看到」的其實是身為追隨者的我們本身的感覺。因此，我們雖不應該期望所有優秀領導人，都具有相同的特質或職能，但我們可以要求所有優秀領導人，為團隊裡的追隨者創造這些感覺。

　　事實上，我們可以用這些感覺來幫助任何領導人了解，自己是不是個好領導人；換言之，第1章提過的這八道題目，能夠有效評量一個領導人的成效。我們不需要命令每個領導人應該展現什麼行為，但我們可以定義所有優秀領導人必須帶給追隨者什麼感覺。由於這些題目是請追隨者評量他們本身的體驗，不是請他們用一長串抽象特質來評量他們的領導人，所以這項關於領導人成效的評量是可靠的。

　　領導力不是一種東西，因為它無法被可靠評量；追隨是一種東西，因為它能夠被可靠評量。

　　「領導力是一種東西」，這是個謊言，因為沒有任何兩個領導人創造追隨者的方式是相同的；在真實世界裡，領導是許多種不同要素所構成的。身為領導人，你的挑戰不是努力取得一整套抽象的領導人職能，你做不到這件事，最主要是因為，你將被絆倒的第一道障礙就是真誠。身為領導人，你的挑戰是找出並改進你在團隊裡創造這八種情緒效果的個人獨特方法，把這件事做得愈好，你就能夠領導得愈好。

　　有趣且幸運的是，真實世界的詳細研究顯示，這兩者之間有關連性。你想在你的追隨者身上創造的情緒效果，和你認真、有智慧地建立個人獨特性的程度有直接關連性 —— 你的個人獨特性愈強烈，你的追隨者愈熱情。雖然當我們不認同一個領導人的目的時，這點令我們感到沮

喪，但這仍是不爭的事實。

我們追隨尖子

在美國國家民權博物館展示廳，我們離開那輛展示的蒙哥馬利市公車，繼續參觀別的。我們看到1960年時學生靜坐抗議簡餐店劃分白人區與黑人區的種族隔離做法情景，也看到1961年發起的自由乘車者運動（Freedom Riders）——民權運動人士搭乘州際巴士，前往種族隔離現象嚴重的美國南部，以推動落實美國最高法院禁止州際巴士實施種族隔離的判決。我們看到密西西比州和喬治亞州阿爾巴尼市組織的抵制和抗議行動，然後，我們來到一間複製的阿拉巴馬州伯明罕市監獄牢房。

1960年代的伯明罕市，是美國種族隔離現象最嚴重的一座城市，阿拉巴馬州基督教人權運動（Alabama Christian Movement for Human Rights）和金恩創辦的南方基督教領袖會議（Southern Christian Leadership Conference），在1963年年初共同發起了非暴力抗議種族隔離運動，一名當地法官對此抗議行動發出禁制令。民權運動的領袖正式宣布，他們不服從這項禁制令，1963年4月12日，金恩和其他抗議遊行者被捕入獄。

同一天，八名阿拉巴馬州的白人牧師，聯合發表了一封公開信，批評金恩和他使用的方法。這封公開信刊登於報紙上，有人偷偷把一份報紙送進牢房給金恩。金恩看完

報紙之後，開始用鉛筆撰寫回應信，起初是寫在報紙邊緣，空白處寫滿後，改寫在牢房的衛生紙上，然後寫在一位友善獄友提供給他的廢紙，最後才寫在律師帶給他的一本筆記上。這封信現在被稱為〈來自伯明罕監獄的信〉（Letter from Birmingham Jail），在那間複製的阿拉巴馬州伯明罕市牢房外的牆壁上，也貼了一份信件拷貝。

這是一封慷慨激昂的長信，呼籲別停止抗爭，別妥協，別採行最溫和的反抗途徑。金恩在信中還談到了偏激，他說：「問題不在於我們是否將成為偏激者，問題在於我們將成為哪種偏激者。」

奧馬哈那位愛喝可口可樂的巴菲特就是一個偏激者，他不善於激勵他人，但非常善於發掘和購買公司。邱吉爾或許是個糟糕的政策制定者，但他非常善於激勵人們採取不妥協的抵抗行動。蘇珊‧安東尼非常善於把她和周遭人的精力聚焦於一項特定目標；賈伯斯非常善於開發令人喜愛的軟硬體；巴頓將軍非常善於全副身心投入領軍作戰；甘迺迪非常善於勾勒宏偉、振奮士氣的遠景。**這些領導人的共通點是：他們分別非常擅長某事，個個都是某種形式的偏激者。**

第4章提過，第一流的人才不是通才，他們是尖子，是拔尖人物——他們磨利一、兩項特長，在世界上打響名號。我們也在第一流的領導人身上看到這種偏激——一些標誌性的傑出能力，與時精進，這些能力太顯著，而

且這些領導人太善於向世界展現，使它們突出，吸引眾人注目。所以，**真相是：我們追隨尖子。**

我們這麼做，並非只是因為非常擅長某件事的領導人，將能在這個方面卓越過人，而是因為這些尖子改變了我們對未來的感覺。人類通則並不多，人類學家唐納德·布朗（Donald Brown）在《普世人性》（*Human Universals*）中，列出了67種人類通則，其中一項是每個人類社會都做的：死亡的儀式化。[2]

每個社會的死亡儀式不同，但每個社會都有死亡儀式。死是一種極大的未知，這些儀式減輕我們對這種未知的害怕，為我們提供一些我們有所掌控的錯覺。這些死亡儀式，只不過是一個人類通性最明顯的表徵，這個通性就是：我們害怕未知。過去已成事實，現在就在我們眼前，但未來是一個令人害怕的不確定空間，這樣的不確定性，促使我們尋求讓我們放心的慰藉，尤其是透過把那最不確定的確定性 —— 我們終將一死 —— 予以儀式化所帶來的慰藉。

這樣的特性，為身為現代領導人的你帶來挑戰，你的職責是號召團隊邁向一個更好的未來，但你的團隊有許多人害怕這個未來。這種恐懼不是沒有道理的，這是一種適應，我們那些沒有這種恐懼的先人 —— 那些划著木筏持續朝著地平線那端前進，好奇心想：「咦？不知道太陽會去哪裡睡覺？」的先人，往往沒能平安返回。所以，稍微

謹慎保守，有時是明智、有道理的。

　　身為領導人，你不能鄙視這種恐懼，你不能只是一股勁兒叫同事：「擁抱變革」，「自在面對不確定性。」嗯……你是可以這麼做，但這麼做，你將使他們更加深切思慮變革與不確定性，徒增他們的焦慮，降低你這個領導人的成效。十分諷刺的是，管理顧問喜歡頌揚變革，但真實世界裡的領導人很少會使用這個詞彙，他們知道他們的追隨者想要的是：愈來愈鮮明的未來面貌，而不是一再提醒他們未來在本質上的不確定性。

　　因此，身為領導人，你的最大挑戰是看重每個人對未知的合理恐懼；在此同時，把它轉化成積極勇敢。身為你的追隨者，我們喜歡腳踏實地的安適，但也知道事件的洪流無情地把我們沖向未知，因此當我們發現能夠減輕不確定感的任何東西時，不論多麼微小，都會盡力抓住。

　　我們在第1章看到，最優秀團隊的特徵之一是，每個團隊成員感覺：「我對公司前景充滿信心」，這種對未來的信心，是減輕我們的不確定感的解毒劑，也解釋了為何我們會追隨某個領導人。追隨是一種交換行為，唯有當我們能夠從一個領導人那裡獲得什麼回報，我們才會把部分未來託付於他／她。我們獲得的「回報」，就是信心。

　　使我們對未來產生信心的是，我們在一個領導人身上看到他／她具有我們重視的某種能力的傑出水準。我們追隨那些非常擅長我們重視的某件事的人，我們追隨尖子。

　　這彷彿是尖子給了我們可以抓住、依附的東西。我們很清楚自己的缺點，知道前方的未來是未知的，也知道若有他人為伴，我們的旅程會更容易一些。當我們看到他人身上的某種能力，能夠彌補我們自身的不足，能夠消除一些前景迷霧時（哪怕只是消除一點點），我們就會依附他們。我們未必追隨願景、策略、執行力、建立關係，或是其他任何領導特質，我們追隨的是精熟特長，這些精熟特長是如何表現的，不是很重要，只要身為追隨者的我們認為切要就行了。

　　甘迺迪總統非常擅長使我們看到近程前景，被這些近程情景吸引，提振士氣。在古巴飛彈危機時期，他在對全國發表的演說結尾甚至觸及古巴人：「我深信，現今的多數古巴人嚮往真正的自由 —— 不受外國支配，可以選擇自己的領導人，可以選擇自己的制度，可以擁有自己的土地，可以毫無恐懼或不受危害地自由言論與信仰。」

　　他弟弟羅伯特・甘迺迪（Robert F. Kennedy）的特長就不在於此，而是急公好義，迫切追求公正性。不論是在約瑟夫・麥卡錫（Joseph McCarthy）手下致力於剷除潛藏於美國的共產黨員，抨擊駕駛工會領袖吉米・霍法（Jimmy Hoffa），或是不顧他兄長的警告，積極推動美國民權法案，羅伯特總是聚焦於馬上行動，做正確的事。

　　每個非常有效能的領導人，都以堅定、有把握且生動的方式，向人們展現自己的精熟特長。彷彿我們之所以信

賴某些領導人，是因為他們向我們證明，他們開啟的門比
我們開啟的門還多，見識比我們更廣，鑽研得比我們精
深，看得比我們更真切。我們信賴這種真切，信賴這種可
預測性；我們被這種特長吸引，感受到它的真誠；我們被
傑出能力的明確性吸引，因而陷入崇敬，忽略其他的事，
因為其他的已然不重要。

領導與追隨的真相

關於工作的9大謊言帶給我們的啟示之一是，當我們無
視周遭世界的事實，理論化闡述這個世界應該如何（或是
我們希望更井然有序的世界會是什麼面貌）時，人們就消
失了。此時，我們不再探索與了解人們，我們關閉了我們
的好奇心，以教條和格言取而代之。同理也適用於我們稱
為「領導者」的人，當我們開始理論化時，他們就消失了。

下列是伴隨他們一起消失的真相。

真相是，沒有任何兩個領導人以相同方式做相同工作。

真相是，我們雖然追隨尖子，但尖子也可能會引起我
們的反感。

真相是，沒有領導人是完美的，最優秀的領導人學會
如何繞過他們的不完美。

真相是，領導人也會令人洩氣，因為他們沒有我們希
望他們具備的所有能力。

真相是，追隨的行為中有一部分是寬恕 —— 儘管我

們能夠看出領導人的缺點，仍然把我們的注意力和努力給予他們。

真相是，不是人人都應該、或想要成為領導人，這個世界需要追隨者 —— 優秀的追隨者。

真相是，對我來說優秀的領導人，對你來說未必如此。

真相是，對某個團隊、頂尖團隊或公司來說優秀的領導人，對其他的來說未必如此。

真相是，領導人未必是一股好力量，他們只不過是有追隨者的人，不是聖人；有追隨者這件事，有時候會導致他們傲慢、妄自尊大，甚至更糟糕。

真相是，領導人未必好或壞，只是懂得如何在世界上成為他們定義的自己，並且激發追隨者的信心，而這件事不一定是好或壞。

真相是，領導並不是一組固定特徵，而是追隨者眼中的種種體驗。

真相是，儘管前述種種，對那些使我們的體驗變得更好、使我們抱持更高希望的人，我們賦予他們一個特殊地位。

真相是，無論如何，我們追隨你的拔尖之處。

無效的領導力課程

企業界花費大量金錢訓練與發展領導者，光是美國，每年花在這上頭的錢就高達140億美元。[3] 一般的領導力

課程類似如下：首先觀看影片 —— 可能是某人在談論領導人，或是真實世界的某個領導人在談論領導，有趣、刺激且動人，我們從中得知，領導人對各個受訪對象產生的影響，或者，我們感受到螢幕上這位真實世界領導人所產生的影響。在觀看影片時，我們感覺受到啟發、好奇或鼓勵，覺得我們將學習重要的東西，剛剛已經約略感受到那些重要的東西了。

接著，一名指導員走到教室前方，開始講解模型。這種模型把我們剛剛看到和體驗到的東西變得枯燥乏味，模型通常是2×2的小方塊，每個方塊裡填入抽象詞 —— 同理心、真誠、願景等。指導員說，接下來幾個小時，我們將逐一學習每個方塊裡寫的抽象東西，學習如何變得更具備這些東西。

有時候，在課程之前，我們全都得先接受一份評量。在課程中途，我們會看到評量的結果，並且拿我們的表現和方塊裡的那些東西相比。有時候，同桌的人會當場相互反饋每個人在這些方塊裡的東西上的表現。有時候，我們研擬行動計畫，在筆記本上寫下我們將如何改進我們在這些方塊裡的東西上的表現；但我們知道，等到課程結束時，這些承諾將跟「更常使用牙線」一樣，會被加入「未竟事項」中。

在整個課程結束時，我們將被告知，只要做到這所有的事，我們將會變得更像影片中的那位領導人。但後來，

一路上，我們的體驗愈來愈令人氣餒，那些方塊裡的東西沒一個幫助我們獲得課程開頭影片中那位領導人的感覺；事實上，方塊裡的那些東西，似乎根本和那位真實世界領導人，或任何我們看到的真實世界領導人無關。在真實世界中，我們遇到的領導人都是有情緒的，但是在領導力訓練課程中，為了試圖了解領導力，我們所做的第一件事，就是刻意淡化情緒。

因為這些課程從來都不以詢問：「你是誰？」作為起始點 —— 不是拿你和涉及小方塊中抽象詞的模型相較，來檢視你是個怎樣的人，而是思考活生生、會呼吸、會成長、會憂慮、會快樂、感覺不確定、有愛、有掙扎、亂糟糟、頑固的你是怎樣的一個人。我們從不思考，在你這個人的一堆特徵下，為何會有人追隨你？我們從不思考，在你這個人獨一無二的心態和各項特質的混合下，你如何使用這些東西為你周遭的人創造一種體驗，發揮你的特質和能力，幫助他們對你們一起走過的世界有更好的感覺，以及在過程中，我們如何給你一些評量，使你能夠作出調整。

所以，我們必須停用那些模型，停用 360 度評量，停止細瑣、無意義地剖析如何把你的「有效溝通」技巧評分從 3.8 分提高到 3.9 分，停止探索為何你的同儕對你的「策略性思考」能力給予 4.1 分，而你的上司卻只給 3.0 分？停用那些無止境的抽象概念清單，也停止辯論最新的領導涅槃到底是真誠領導（authentic leadership）、部落領導

（tribal leadership）、情境領導（situational leadership），還是第五級領導（level five leadership）。別再一體適用了！

讓我們變謙遜吧。我們團隊和組織裡人們的體驗才是真實的東西，那是我們沒得選擇的，我們應該探索那些體驗，探索我們的行動如何影響那些體驗。

讓我們探索我們在真實世界裡對真實的人的反應。當我們對某人所做的事或所說的話感到振奮時，我們必須駐足思考為什麼？當我們和某人交談之後，感覺像是注入了新活力，我們必須駐足思考為什麼？當我們感覺被某人的神祕吸引力吸引，就像魚兒上鉤，或像羅盤上的指針來回晃動，顯示我們被吸引了，有真實、深層、重要的事情發生，有事情將會改變我們的未來弧線（不論是多麼微小的改變），我們必須駐足思考為什麼？

我們必須探索與了解真實世界裡的真實領導人，我們必須以追隨者的角度去了解他們，這樣才能夠開始學習。

他們追隨金恩勾勒的願景

回到我們在美國國家民權博物館的參觀，繼續往前走，來到了賽爾馬市的艾德蒙佩特斯橋（Edmund Pettus Bridge, Selma）展示區。金恩在1965年3月7日的「血腥星期日」（Bloody Monday）事件後，組織一場遊行，跨越這座橋。

我們邊走邊想像當年數十萬踏上這座橋的堅定腳步，

我們注意到腳下的地面向上傾斜 —— 我們正在走這座橋的上坡段，走回歷史上的那一天。我們看到賽爾馬市遊行者的壁畫，聽到遊行的腳步聲，聽到遊行隊伍抵達阿拉巴馬州議會大廈前，金恩發表「還要多久？快了！」（"How Long, Not Long"）演說。然後，突然間安靜下來，上坡路已經讓我們更上一層，再度轉身，我們可以俯瞰剛才的展示，以及我們剛剛走過的路。

我們現在清楚看到金恩走過的路，俯瞰每一次抗議、遊行、逮捕、挫折、轉折點和勝利，我們可以看到展示廳整齊的布置、金恩的旅程。如何從蒙哥馬利到阿爾巴尼，如何從伯明罕到華盛頓特區，再到賽爾馬，「這個運動將不會停止，因為上帝和這個運動同在」；「我們將不會滿足，直到正義如洪水滾滾而來，公正如江河滔滔」；「道德的弧線雖然漫長，但終將彎向正義那端。」跨越這些地方，透過這些話語，我們看到金恩以自己獨特、堅定的風格，運用甘地的非暴力抗議方法，在他的演說中融入個人勇氣與犧牲，使用布道時的韻律和抑揚頓挫，把激勵人心的話語化成一首首希望的詩。

讓我們暫且回到這段旅程的開頭，數十名地方神職人員聚集於蒙哥馬利市金恩主持的教會，要求金恩站出來領導抵制運動。若集會發生在現今的企業組織裡，我們在為重要的企業行動挑選一位領導人，大概會先請與會者指出，這個領導人必須具備哪些素質，我們會發給每個人一

張素質清單 ── 成果導向、策略導向、合作號召力與影響力、團隊領導力、發展組織的能力、變革領導力、對市場有透澈了解等，請他們評估這位領導人需要具備多少這些素質水準，才能夠成功領導這項行動。[4]

然後，我們請他們根據素質要求清單，對金恩博士和任何其他候選人進行評分（包括他們目前的各項素質水準，以及每項素質的成長潛力），再作出比較，預測他的成功可能性，考慮是否請他擔任領導人。若我們決定請金恩擔任領導人，我們會向他建議，我們認為他最重要的成長領域。我們這麼做，是因為這是在實踐領導理論教我們的；但實際上，若我們真的採行了這樣的做法，問題將不在於我們不會挑選金恩當領導人，而是我們根本就不會看到金恩，把他列入候選人名單。

讓我們再次俯瞰展示廳，想想那些追隨者 ── 沒有他們就不可能有這趟旅程。前述這些理論的東西，對他們而言毫無意義，他們看到的並不是完美均衡的一群抽象素質，他們看到的，完全不像我們那些有條理、有後見之明偏誤的模型。他們看到的是一個不完美的男人，但非常了解他應該當個怎樣的偏激者。在金恩博士看來，領導意味的是生動、鮮明地定義一項目標，並且利用任何機會，奮力朝著目標前進。

沒有詳細的執行計畫 ── 先做這個、再做這個，然後做那個。只有清澈響亮的願景 ──「讓自由鐘聲響

起」，然後堅定不移地，不論何時何地，只要能夠朝著願景前進，就去做，不管行動是否涉及人身風險。金恩的方法是隨機應變，機會主義，漸進式的；聚焦於想像的變革，而非可預期的執行；寬焦點是弘遠的願景，窄焦點是此時此刻必須做什麼，而不是聚焦於這兩者之間的任何成功路線圖。金恩的方法是捨棄如何達成目標的確定性，信賴現在應該採取什麼正確行動，在每一個未來終將興起的機會中，重複這些正確的行動。

我們俯瞰展示廳，從現今的未來回到過去，這樣的角度為我們提供了明晰度，但金恩當年的追隨者可沒有這種餘裕。在 1950 年代和 1960 年代追求美國憲法賦予權利的非裔美國人，面對的可不是一趟妥善規劃步驟、井然有序的旅程，而是浩瀚無邊的不確定性。但金恩這個偏激的拔尖人物，幫助他們展望未來，感知未來的輪廓 —— 不論是多麼模糊的輪廓，以及他們可能如何成為那樣的未來的一分子。

金恩是製造試煉的領導人

1968 年的春天，曼非斯動亂不安。2 月時，該市的垃圾清潔工人因為不滿長年的低工資和惡劣的工作環境，再加上兩名垃圾清潔工人被垃圾搗碎機絞死引發的憤怒，發動了罷工。金恩參加了一場支持這項罷工的遊行，但這場遊行演變成暴動，一名遊行抗議者喪命。他們計畫隔週再

舉行第二場遊行，金恩打算參加。

　　他的幕僚和親近友人不想讓他參加，他已經十分疲憊、沮喪、睡眠不足，酒喝得很凶，又經常遭到媒體、曼非斯當地領袖，甚至他自己的運動中的一些人士的抨擊。不論他到哪裡，都受到監視。幾週前，他甚至送他太太紅色的塑膠康乃馨，不是真花，因為他想讓她有個比他活得更久的東西。[5]

　　但是他知道，除非他能在曼非斯領導一場非暴力抗議行動 —— 除非他能再站上道德高地，否則他努力追求的未來，將有破滅的危險。因此，他仍然決定前往參加。他預計搭乘飛往曼非斯的班機，因為遭到炸彈威脅而延誤。當飛機終於降落田納西州時，意外地有警察來執行勤務 —— 與其說是來保護他，不如說是來監視他。當天，在他的第一場會議中，有人說有關當局已經對即將舉行的這場遊行發出禁制令。當天，他的第二場會議是和一群黑人激進主義分子會面；據信，第一場遊行演變成暴動，就是這些人搞的，金恩試圖勸說他們採取和平行動，好讓第二場遊行順利進行。這場會議一度中斷，金恩被請去和他的律師商議如何移除禁制令的策略；然後，金恩回到會議室，和那群激進分子繼續開會，此時外面天色一片陰暗，一場暴風雨即將來襲。

　　在疲憊和喉炎難耐之下，金恩告訴同伴，他無法在當天晚上的誓師大會上講話，請他的密友阿伯內西代替他演

講。過沒多久，阿伯內西打電話來，說誓師大會聚集了龐大群眾，他們想見金恩，問金恩能否還是來一趟？

金恩常常在沒有準備的情況下演講，這晚的演講也不例外。演講一開始，他想像若上帝讓他選擇生活於他想要的人類史年代的話，他將作何選擇？他的回答像是一趟旅程，從古埃及到古希臘，到羅馬，到文藝復興時代，金恩講述他在每一個年代與地方能夠目睹的重要事件，但他一一否決選擇這些年代：「我不會選擇生活於那裡。」

他繼續旅程，越過林肯的《解放奴隸宣言》，越過小羅斯福總統的新政，一直到二十世紀下半葉。當然，這是我們很熟悉的修辭手法 —— 不是這個，不是這個，而是這個，金恩採用了這樣的修辭手法。然後，他說，在整個人類史上，他會選擇生活於「現在」，因為「現在」最重要，至少對他而言如此。

接下來，他的演講內容就變得務實、有方向性了。團結很重要，分化將導致失敗，所以必須保持聚焦於問題所在。

> 問題是，曼非斯拒絕公平、誠實地對待公僕 —— 垃圾清潔員。我們必須關注這件事……我們必須再次遊行，讓大家正視這個問題，迫使所有人看到，這裡有 1,300 位上帝子民在受苦，有時歷經飢餓，度過黑暗、陰鬱的夜晚，茫然不

知未來的發展，這就是問題。

　　他強調經濟抵制的重要性，提醒他的聽眾，他們握有集體經濟力量。他鼓勵他們使用這股力量，迫使企業負責。他還舉出一些麵包品牌，例如：美好麵包（Wonder Bread）和哈氏麵包（Hart's Bread），要聽眾抵制，也叫聽眾鼓勵鄰居抵制這些品牌。他鼓吹設立黑人專屬的銀行與保險公司，他說這一切都是為了增強抗議力道：「截至目前為止，只有垃圾清潔工受苦；現在，我們必須重新分配痛苦。」

　　他講述好撒馬利亞人（Good Samaritan）的故事，用它來凸顯一個要點。他請聽眾想像，為何祭司和利未人不停下來幫助那個被強盜打傷倒地的男子，是不是因為他們害怕若幫了此人，可能會有壞事發生在他們身上呢？他描述從耶路撒冷到耶利哥的路（這個寓言故事發生的地方，金恩曾經開車行經過），他告訴聽眾，那條路有多麼偏僻、多麼危險（他說：「非常便於伏擊。」）他把那位伸手救助受傷倒地男子的撒馬利亞人所面臨的疑問，*變成他的聽眾面臨的疑問，讓他們思考——或許是害怕地思考——是否要參加接下來的遊行：

---

* 「若我不停下來幫助他，他會發生什麼事？」

這就是你們今晚要思考的問題，不是思考：「若我停下來，幫助垃圾清潔工作，我的飯碗就會不保嗎？」不是思考：「若我停下來，幫助垃圾清潔工作，我每天、每週擔任牧師的工作，會受到什麼影響？」也不是思考：「若我停下來，幫助這名需要幫助的男子，會有什麼事發生在我身上？」你們要思考的是：「若我『不』停下來，幫助垃圾清潔工，他們會發生什麼事？」這才是要思考的問題。

接著，他開始做結尾。作為他的開場旅程的呼應與延續，他告訴聽眾，幾年前，他被一名精神錯亂的女人用刀刺入胸部，被送醫後得知，刺入的刀尖離他的主動脈太近了，若他打個噴嚏，刀子就會刺進主動脈，他就會一命嗚呼。接下來，這句「若我打個噴嚏」變成他回憶在二十世紀下半葉的幾年間所目睹的種種事件的一個疊句。若他當時打了噴嚏，他就沒法活著看到1960年代到處發生的靜坐抗議。若他當時打了噴嚏，他就無法活著看到自由乘車者運動。若他當時打了噴嚏，他就無法活著看到蒙哥馬利市的抵制公車運動，或伯明罕的抗議活動，或賽爾馬市的偉大運動。最後：

若我當時打了噴嚏，我現在就無法來到曼非斯，

看到群眾聲援那些正在遭受苦難的兄弟姊妹們。

我很高興，我當時沒有打噴嚏。

　　他的結尾回到了開頭：最重要的時間是現在；最重要的地點是這裡 —— 曼非斯。

　　是什麼把這一切串連起來呢？是什麼使得一個疲憊的男人不顧團隊勸阻，來到曼非斯；雖然他只想留在旅館休息，最後還是來到群眾集會現場演講；在演講中，公開拒絕生活於人類史上的每個年代，選擇生活於現在；並且呼籲大家團結；訓諭大家保持聚焦於問題所在；提醒並教導大家運用經濟抵制行動的力量；同時，使用好撒馬利亞人的故事，鼓勵人們參加遊行，支持垃圾清潔工；最後指出，此時此刻的曼非斯，是一趟曠世旅程的最高潮？

　　我們追隨一個領導人，是因為他深入一樣東西，他知道這樣東西是什麼，他對這樣東西有淵博知識，以及他對淵博知識的證明，帶給我們對現在的確定感，以及對未來的信心。當我們看著金恩博士時，我們最終看到的不是演說能力（雖然他的演說技巧非常高明），我們最終看到的不是自我犧牲（雖然他的自我犧牲十分激勵人心），我們最終看到的不是非暴力抗議行動的思想（雖然他的非暴力思想很高尚），我們最終看到的不是不屈不撓的堅持（雖然他的堅持很謙遜），我們最終看到的是他一再運用這一切的目的。金恩是個試煉製造者（crucible maker），堅持

不懈地蓄意把問題推向迫切關頭，他的卓越才智在於堅持不鬆手，創造出強度和焦點，集中於時間和地點，然後再添加更多的燃料、急迫感與能量，直到他用他製造的白熱燃燒出什麼，這就是他的拔尖之處。

我們可以在他那晚於曼非斯的演講內容結構中看出這點，在開場中，他重複使用「但我不會選擇生活於那裡」這句話，強化我們的焦點是「此時」；在結尾中，他重複使用「若我當時打了噴嚏」這句話，把我們導向「此地」。我們可以猜測，他年輕時學到的演講者漸增強度技巧，是否就是他這項拔尖之處的起源。

我們可以直接從下列這段話看出這點：

> ……我們已經被迫走到了我們必須對付一些問題的關頭，人類在整個歷史中，一直嘗試對付這些問題，但需求並未迫使他們解決。現在，生存需求迫使我們必須解決這些問題……在這個世界，現在的選擇已經不再是介於暴力與非暴力之間，而是介於非暴力和無法生存兩者間，這就是我們現在的處境。

不是在暴力和非暴力之間作出選擇，因為那不是一項試煉；選擇是介於非暴力和無法生存之間，這才是一項試煉。

　　我們從他最後的演講，以及美國國家民權博物館展示廳展示出的金恩人生輪廓看出這點。他並非總是知道下一個摩擦點是什麼，但他能夠一再抓住一個時刻，把它變成試煉。他用這種方式讓人們看出他的真理 —— 現在的狀態不是應許之地；他用這種方式去認知、重視、減輕他的追隨者感受到的不確定性。當然，這不是金恩的全貌，但這是我們看到他的最大特色，也是吸引人們追隨他的特色。

　　當我們思考跟金恩同時代的領導人所做的事時，更能夠清楚看出這種迫使解決問題的能力的獨特性。當約翰‧甘迺迪說：「火炬已經傳遞到新的美國世代」，這句話鼓舞人心，凸顯未來就是現在，因為這是他的拔尖之處，但這不是在製造試煉。當麥爾坎‧X說：「世上不存在非暴力革命這種事」，這句話升高了溫度，因為這是他的拔尖之處，但這句話並未逐漸增加強度，因為它不是在製造試煉。當羅伯‧甘迺迪說：「讓我們致力於希臘人在很多年前所寫的：馴服人的野蠻，使世界的生命變得溫柔」，這是他以自己的拔尖之處，促使聽眾聚焦於一個高尚、正當的理想，但它不是在製造試煉。

　　「製造試煉」是金恩人生的型態與手法，做這件事的衝動，使他漠視顧問們的忠告，執意回到曼非斯，因為回去曼非斯，是迫使解決問題的唯一之道。

　　那晚演講快結束時，他很清楚自己面臨的危險，他知道他是個如此優秀的試煉製造者，遲早會招來不幸；他是

個如此優秀的試煉製造者，遲早會惹火燒身；再者，他一再冒生命危險，但這是他繼續迫使解決問題的能力的要素之一。

他知道，伴隨他周圍的雜音愈來愈大（這樣的情形已經持續好幾週了），他必須先考慮到，萬一他不在了，將會發生什麼變化。他知道他希望他的運動 —— 製造一系列的試煉，每項試煉產生一個突破，創造接下來的可能性 —— 在他身後繼續下去。為此，他必須使自己居次於運動，使運動本身的重要性大過於他，但在此同時，持續對運動注入巨大能量，使它停不下來。於是，他做了只有他能做的這件事，他說：

> 我不知道現在會發生什麼事，前方的路並不平坦，但對我而言，這其實沒什麼，因為我已經踏上山頂。
>
> 所以，我不在意。
>
> 跟所有人一樣，我也想要長命百歲，長壽是人們嚮往的，但我現在並不關心這件事。我只想執行上帝的旨意，祂已經讓我登上山頂了，我已經在山頂放眼張望，看到了應許之地。我也許無法和你們一起走到那裡，但今晚我想要你們知道，我們這個民族，一定會到達應許之地！
>
> 今晚，我很高興。

我什麼都不擔心。

我不畏懼任何人！

我的眼睛已經看到上帝降臨的的光輝！

磨利你的特長，讓世界看到你、追隨你

在美國國家民權博物館，我們現在知道走過艾德蒙佩特斯橋後更上一層的原因了，因為我們看到了一個汽車旅館房間，就是在羅雷恩汽車旅館（Lorraine Motel）二樓的這個房間，金恩度過他人生的最後一天。

前一晚演說後，翌日，1968 年 4 月 4 日，金恩大部分時間都待在這個房間裡，和他的弟弟開玩笑，打電話給他的父母，甚至還跟另一位神職人員打起枕頭戰。這是一個很普通的房間，甚至可以說是有點簡陋，加大雙人床上有兩張薄被，旁邊有一張床頭櫃，一部電話，一盞燈，一台固定在牆上的小電視，床上用品是棕色的，遮陽窗簾是橘棕色的，地毯也是棕色的。有扇門通往陽台，當晚六點一過，金恩走到陽台上，在那裡，他被一顆子彈打中。

在我們撰寫本文時，金恩逝世五十週年剛過不久，我們前往應許之地的旅程如今已經向前推進，但尚未完成，仍然迭有爭議。五十年過去，這個男人代表的力量依然強勁，甚至對他死後才出生的我們 —— 只透過他的布道、演說和紀念物而認識他的我們，也是強而有力的。它的強勁，並不是因為他的能力寬廣，而是因為他的能力非常明

確，因此顯得獨特而有力，因此在他有生之年吸引數千萬人追隨他，因此活得比他更久，直到今天，仍然吸引我們信奉追求他的理想。

領導與追隨，不是抽象的過程，它們是人際互動，是人際關係，它們的通貨是所有人際關係的通貨 —— 情感連結、信任和愛的通貨。身為領導人，若你忘了這些，精通理論世界告訴你重要的種種東西，你將會發現自己踽踽而行。但是，**若你了解你本質上是怎樣的一個人，並且把這樣的了解磨利成幾項特長，每一項都折射並放大你的意圖、你的精華和你的人性，那麼在真實世界裡，我們將會看到你，我們將會追隨你。**

真相

真相＃1　人們在意的是他們隸屬哪支團隊
（因為團隊才是工作實際發生的地方。）

真相＃2　最佳情報致勝
（因為世界變化太快，計畫趕不上變化。）

真相＃3　第一流的公司把意義層層下達
（因為人們想知道他們共同支持的意義與目的是什麼。）

真相＃4　第一流的人才是尖子
（因為獨特性是一種特色，不是毛病。）

真相＃5　人們需要關注
（因為我們全都想要展現最好的自己。）

真相＃6　人們能夠可靠評量自己的體驗
（因為我們有的是體驗，十分清楚自己的感覺。）

真相＃7　人們有動能
（因為我們所有人都以不同方式行進。）

真相＃8　工作中的喜愛最重要
（因為工作其實是為了發掘和做喜愛的事。）

真相＃9　我們追隨尖子
（因為拔尖人物總是能夠帶給我們確定感。）

附錄 A

ADP研究機構的
工作者敬業度全球調查

作者：瑪麗・海耶斯博士　Dr. Mary Hayes
　　　法蘭西斯・瓊尼博士　Dr. Frances Chumney
　　　柯琳・萊特博士　　Dr. Corinne Wright
　　　馬克斯・巴金漢　　Marcus Buckingham

　　ADP研究機構在2018年7月對19個國家的工作者進行一項調查，旨在評量每個國家的工作者相對敬業度，並且辨識哪些工作條件最可能吸引並留住優秀員工。ADP研究機構在2015年曾對13個國家做過類似調查，2018年的調查是重複並擴大先前的調查。

　　我們在每個國家隨機抽樣1,000名全職與兼職工作者，跨及各種年齡層、性別和教育水準，各種產業和工作類別，因為超額抽樣，總計調查對象為19,346名員工。

　　問卷調查詢問應答者對許多工作層面的感想，但其核心是一項過去十年間發展出來的可靠、有效的敬業度評量工具，由八道題目構成。先前的大量研究顯示，對這八道題目給予正面回答的工作者，較可能被視為生產力高、較不可能離職的工作者，而且不論什麼產業及職務角色，這

些題目的高評分與較佳的工作表現，和較高留任率之間的可預測關係，在統計上都具有顯著性。

使用此問卷調查結果，我們能夠計算出一團隊、公司或國家中充分敬業的工作者比率，檢視哪些工作條件最可能產生充分敬業的工作者。

- 充分敬業的工作者的比率計算，使用的公式找出每一道題目中給予極端正面的評分，根據每道題目的相對解釋力度，給予每道題目的回答一個權值，解釋力度最高的那些題目，獲得較高權值。

- 非充分敬業的工作者，我們把他們全部歸成一類，簡稱「來工作」。這些工作者未必對工作很不投入（這份問卷調查評量的是工作的正面積極態度，不是評量工作態度病理），這些工作者只是沒有在工作上貢獻全力。

2018年，我們所使用的這份問卷調查和抽樣方法，與我們在2015年所使用的相同，也應用相同的國家因素統計校正法，亦即把不同國家的工作者在回答問卷調查時的評分差異性給考慮進去。就我們所知，2018年的這項調查是截至目前為止，對全球工作者敬業度最大規模、最可靠的調查。下列是我們探索的十大主要疑問，以及我們獲得的發現。

1. 過去三年間，全球工作者敬業度提升或降低？

全球工作者敬業度幾乎和三年前調查的13個國家的工作者敬業度完全相同。

- 2015年，充分敬業的工作者比率為16.2％，2018年的這個比率為15.9％。這意味的是，全球有高達84％的工作者只是「來工作」，並未對任職的組織作出全力貢獻。

顯然，組織仍然未能解決這項挑戰 —— 使大多數的員工把工作視為能夠貢獻自己的方法，而且長處能夠獲得賞識與重用。

這顯然有許多根深蒂固的原因，例如，總體經濟因素；一些類別工作本身的困難、危險、單調等性質；特定國家的勞工政策等。但是，如同我們將在下文中看到的，資料顯示，組織可以採取一些更有意圖、更有條理的行動來提高員工的敬業度。

雖然從2015年到2018年，整體的工作者敬業度保持穩定水準；我們發現，各國的充分敬業工作者比率有明顯的變化。

- 有八個國家的充分敬業工作者比率提高：阿根廷、澳洲、加拿大、法國、印度、義大利、西班牙和英國。
- 有四個國家的充分敬業工作者比率降低：巴西、中國、墨西哥和美國。

印度是充分敬業工作者比率提升幅度最大的國家,從5%提高至22%;中國則是充分敬業工作者比率降低幅度最大的國家,從13%降低至6%。

2. 工作者敬業度最高和最低的國家分別是?

2018年的調查國家比2015年增加了6個:埃及、荷蘭、沙烏地阿拉伯、新加坡、南非和阿拉伯聯合大公國。阿拉伯聯合大公國的充分敬業工作者比率最高 ── 26%;中國的充分敬業工作者比率最低 ──6%。

3. 什麼因素對工作者的充分敬業感影響最大?

我們研究了許多可能影響員工敬業感的因素,例如產業類別、職稱、教育水準、性別、兼職或全職、零工型工作(gig work)或非零工型工作等。

雖然每個因素對員工敬業度都有或多或少的影響性(參見後文),但其中一個因素的影響性,明顯大於其他因素:工作者是否隸屬於團隊。

- 那些表示自己隸屬於一組團隊的工作者,其充分敬業的可能性,是那些表示自己不隸屬任何團隊的工作者的2.3倍。

在我們調查的所有國家裡,這項發現都成立,而且在許多國家,團隊工作者和非團隊工作者的這種差異性甚至更大。

- 舉例而言，在巴西，非團隊工作者中，只有5％的人充分敬業；反觀，團隊工作者中，有15％的人充分敬業。在新加坡，非團隊工作者中，只有4％的人充分敬業；反觀，團隊工作者中，有22％的人充分敬業。

資料顯示，在世界各地，要提高非團隊工作者的敬業度是極其困難的事，但問題是，幾乎現今所有組織都並未立意深入了解團隊。現行的人力資源制度是財務制度的延伸，因此只能在組織架構圖上的方塊中顯示誰是誰的部屬，當然這其中的問題在於，多數團隊並非出現在這些組織架構圖的方塊裡。

- 那些表示自己在團隊裡工作的人當中，有65％的人說他們不只在一組團隊裡工作，而且他們隸屬的這組團隊並未出現在組織架構圖上。

顯然，很多原因造成世界各地工作者的敬業度依然相當低落，有些原因跟工作本身性質有關，有些原因跟地區或國家的總體經濟環境有關，有些原因跟產業或公司有關。但這其中的一個原因是，組織不了解團隊的重要影響性，或者雖然了解重要性，但並未據以採取行動。

- 組織不知道內部有多少團隊、各團隊裡有誰，或哪些團隊是它們的最佳、最敬業團隊。
- 若組織把了解優異團隊視為它們的首要聚焦 —— 什麼因素促成它們的優異表現，什麼因素可能傷害

它們的優異表現，我們或許就會見到全球工作者敬業度的明顯提升。

4. 什麼因素創造高敬業度團隊？

83％的工作者說他們隸屬於團隊，但在這些團隊當中，有一些團隊的敬業度高於其他團隊。我們檢視敬業度最高的團隊，發現最能解釋團隊敬業度的因子是這個：團隊成員是否信賴他們的團隊領導人。

- 在那些強烈贊同他們信賴團隊領導人的工作者當中，有45％的人充分敬業；在那些不強烈贊同他們信賴團隊領導人的工作者當中，只有6％的人充分敬業。一個信賴團隊領導人的工作者，其充分敬業的可能性，是不信賴團隊領導人的工作者的十二倍。

不論什麼國家、產業、職務，一個被信賴的團隊領導人，是建立高敬業團隊的基石。

5. 什麼因素使得團隊領導人被信賴？

在我們的問卷調查題目中，有兩道題目最影響工作者對團隊領導人的信賴感：

- 在工作上，我清楚了解組織對我的期望。
- 我有機會在每天的工作中發揮長處。

資料顯示，這兩項條件 —— 知道對我的工作期望、能夠發揮長處 —— 是構成信任的基石。儘管工作中充滿

不明確性和變化、步調甚快，若團隊領導人能夠幫助團隊成員清楚了解工作上對他們的期望，並且使他們感覺自己的長處受到賞識，而且能夠經常使用，就能夠建立團隊成員對他／她的信賴，也更可能建立充分敬業的團隊。

6. 何者的敬業度較高 ── 全職工作者或兼職工作者，虛擬型工作者或零工型工作者？

根據這項調查，最敬業的工作狀態是：有一份全職工作和一份兼職工作。

- 在處於這種工作狀態的工作者當中，有25％的人充分敬業。相較之下，只有全職工作或兼職工作的工作者當中，充分敬業的比率介於14％至16％。

- 對此，一個可能的解釋是，這種工作狀態兼具全職工作與兼職工作的好處 ── 全職工作提供穩定性與福利，兼職工作不僅能夠帶來一些額外的收入，而且比較有彈性，也有機會能做工作者本身真正喜歡的事。

只從事零工型工作，但隸屬於團隊的工作者，敬業度也高。

- 只從事零工型工作，但隸屬於團隊的工作者當中，有21％的人充分敬業；相較之下，傳統工作者中，只有16％的人充分敬業。

採取零工型工作模式的兩個最常見理由是：時間彈

性，以及有機會做工作者喜愛的事。這跟兼職工作的情況相似，也顯示這兩個因素，很可能是提高工作者敬業度的一個源頭。

- 只從事零工型工作的人，最常見的頭銜是「總裁」。這顯示，許多人採取零工型工作模式，是因為他們喜歡當自己的老闆。

仔細檢視問卷調查中八道跟敬業度相關的題目，我們發現，只從事零工型工作的人，在其中六道題目的評分較高，但在其餘兩道題目的評分明顯較低，這兩道題目分別是：

- 在我的團隊裡，大家和我具有相同的價值觀。
- 我支持我的隊友。

這顯示，如同其他研究者已經指出的，只從事零工型工作的人，很可能比其他類型工作者更容易感到孤獨。不過，當我們檢視只從事零工型工作，但隸屬於團隊的工作者時，這兩道題目的評分差異性就消失了。這意味的是，零工型工作者未必得孤獨工作，若他們能以團隊模式作業，將獲得零工型工作的所有好處，包括更大的彈性、更有機會做自己喜歡的事，以及自己當老闆等。

這對公司的一個含義是，若選擇使用自由接案者或零工型工作者（現在有很多這樣的工作者），將能夠愈快速、真誠地把這些工作者引介給團隊，就愈能增進這些工作者的敬業度、生產力和留職率。反之亦然，公司愈能夠

使傳統型全職工作者，變得更像零工型工作者 —— 給予團隊成員更大的彈性及所有權，讓他們更有機會做他們喜愛的事，就愈能增進全職工作者的敬業度、生產力和留職率。

在我們調查的所有國家和產業，虛擬型工作者（virtual workers）只要同時是團隊工作者，比那些傳統型辦公室工作者更可能充分敬業。

- 在虛擬型工作者中，有29％的人充分敬業，明顯高於傳統型辦公室工作者的14％。

這顯示：第一、創造團隊感並不需要實體上的鄰近性；第二、遙距虛擬工作模式的彈性與自在性，對所有工作者都具有吸引力（只要他們感覺隸屬於團隊的話）。

遙距虛擬工作模式不同於通勤工作，通勤工作者的敬業度最低。

- 在通勤工作者中，只有9％的人充分敬業；反觀，非通勤工作的人當中，有15％的人充分敬業。

7. 教育程度較高的工作者，通常比較敬業嗎？

是的。

- 擁有高等教育學位的工作者當中，有19％的人充分敬業；相較之下，沒有大學學位的工作者當中，有12％的人充分敬業。

8. 位階較高的工作者，敬業度高於初級工作者嗎？

是的。

- 「長」字輩（C-Suite）和副總（VP）級的高層主管當中，有24％的人充分敬業。
- 中階和初級團隊領導人當中，有14％的人充分敬業。
- 個別貢獻者當中，有8％的人充分敬業。

9. 千禧世代工作者的敬業度，低於嬰兒潮世代工作者嗎？

稍微。但不同於我們最初的推測；實際上，不同世代工作者的敬業度差異甚小。

- 千禧世代工作者當中，有16％的人充分敬業；嬰兒潮世代工作者當中，有18％的人充分敬業。

10. 男性工作者的敬業度，高於女性工作者嗎？

不，實際上，資料顯示稍微相反。

- 全球來看，17％的女性工作者充分敬業，15％的男性工作者充分敬業。在本研究的大量樣本中，這些差異性在統計上具有顯著性，但兩個百分點的差異，在真實世界中其實並不顯著。

附錄B

思科系統發現的7個真相

作者：羅珊．畢斯拜．戴維斯　Roxanne Bisby Davis
　　　艾希利．古德　Ashley Goodall

　　四年前，思科系統公司的人力資源團隊想找出更謹慎、可靠的員工工作表現評量方法，我們率領了十多名研究員和資料科學家，開始探索思科最佳團隊的特徵、關注與員工工作效能的關係，以及團隊和公司在工作者體驗中的相對重要性等。下列是我們截至目前為止獲得的發現。

1. 最佳團隊重視及善用團隊成員的長處。

　　我們首先尋求詳細了解思科的最優秀團隊是什麼模樣。我們的調查研究（我們稱為「最佳團隊研究」）仿效蓋洛普組織、德勤企管諮詢公司，以及其他研究單位的方法，始於一個假設：高效能團隊裡的工作體驗，明顯不同於非高效能團隊裡的工作體驗。

　　為了檢驗這個假設，我們在2015年年末，辨識出思

科97組高效能團隊作為研究組（study group），方法是直接請全公司的領導人告訴我們，他們心目中的高效能團隊名稱——若他們能夠複製的話，他們希望複製哪些團隊。接著，我們建立一個控制組（control group）——從全公司分層隨機抽樣3,600人，代表平均團隊成員在其團隊中的工作體驗。我們使用一份保密的八道題目問卷調查，對這兩組人進行調查。

問卷調查回收後，我們評估內容效度〔使用題目間相關係數（item correlation）來評估〕，建立效度〔使用驗證性因素分析（confirmatory factor analysis）、題目與總分間相關係數（item-to-total correlation），以及回歸分析〕，以及效標關聯效度（criterion-related validity，用問卷調查題目和研究組或控制組組員的同時效標之間的關連性強度來衡量。）所有這些檢驗告訴我們：

- 這八道題目評量單一因素：敬業度，這個因素能夠鑑別思科最佳團隊。

- 「我有機會在每天的工作中發揮長處」這道題目，和整體敬業度的關連性最強，也和問卷調查中其他題目的關連性最強。「我支持我的隊友」這道題目的關連性次強；關連性第三強的題目是：「在我的團隊裡，大家和我具有相同的價值觀。」

- 就全公司來說，研究組（亦即最佳團隊）在八道題目中的六道評分勝過控制組（亦即其餘團隊），至

於其他兩道題目，這兩組的評分無差異。（我們對此結果的進一步研究，參見第3點發現 —— 敬業度有三個明顯源頭。）

我們的研究發現，最佳團隊和其他團隊確實有統計上顯著且重要的差異，顯示在思科系統最佳團隊利用每個團隊成員的長處，使整個團隊展現集體卓越，並且是在安全且信任的環境下這麼做。

2. 團隊領導人和團隊成員更頻繁討論工作，有助團隊成員發揮長處。

為了更了解什麼因素使得最佳團隊的表現不同於其他團隊，我們好奇，團隊領導人和團隊成員頻繁討論工作，是否會影響他們的敬業度。

完成前述「最佳團隊研究」後，我們讓思科的每個團隊領導人用這八道題目評量自己的團隊，雖然每個團隊的相關評量資料，只有該團隊領導人才能看到（因為我們的目的是要幫助團隊領導人了解他們本身的表現，並不是要評量他們），但我們可以蒐集這些匿名資料，作為研究之用。我們把這八道題目的評量工具稱為「敬業度把脈」（Engagement Pulse）。

為了調查討論工作和敬業度之間的關係，我們挑選過去兩個會計季曾經至少一次接受「敬業度把脈」問卷調查的團隊成員，構成我們的研究樣本：16,485 名團隊成員來

自第一季，18,816 名團隊成員來自第二季。接著，我們針對每一季，判定一團隊成員是否經常和團隊領導人進行商討（80％或更多的時間），或是不常和團隊領導人進行商討（少於80％的時間）。

針對每一季，我們檢視「敬業度把脈」的八道題目的平均分數，看看經常商討組和非經常商討組是否有何差異？我們發現，經常和團隊領導人討論工作的團隊成員，在其中三道題目的評分明顯較高，而且兩季都是如此：

- 經常和團隊領導人討論工作的團隊成員，與不常和團隊領導人討論工作的團隊成員，在「我有機會在每天的工作中發揮長處」這道題目的評分差異最大；評分差異次大的題目是：「在我的工作中，我總是獲得挑戰持續成長」；評分差異第三大的題目是：「我知道我的優異工作表現將會獲得賞識。」

這顯示，經常和團隊領導人討論工作的團隊成員，較強烈覺得能夠天天使用長處，優異的工作表現將會獲得賞識，並且有成長機會。雖然本研究並未區別關連性和因果關係這兩者（亦即我們無法說，是商討頻率增加導致敬業度上升，或是反過來，敬業度上升導致商討頻率增加），後續研究顯示（參見本附錄最後一節），其實是商討頻率增加帶來的關注增加，使得敬業度上升。

3. 敬業度有三個明顯源頭。

我們的下一個研究想探究什麼因素,對團隊成員的敬業度影響最大?為此,我們必須先進一步了解敬業度構成物,然後探索一團隊成員在多個團隊中的敬業度是否有所差別。

如本書第1章所述,最有效預測團隊效能的八道題目(相同於「敬業度把脈」的八道題目),可區分為四道「我們」性質的題目 —— 關於團隊環境和公司體驗,以及四道「我」性質的題目 —— 關於每個人的工作體驗。為了進一步探索敬業度構成物,我們蒐集了33,018名在過去六個月曾經至少一次接受「敬業度把脈」問卷調查者的作答,使用這些資料來做兩項分析研究。

首先,使用分割樣本探索與驗證性因素分析,我們發現,「敬業度把脈」中有兩種敬業度因素(至少在思科系統如此),第一種因素由四個「我」性質的題目,以及兩個關於團隊環境的「我們」性質題目構成:

- 在工作上,我清楚了解組織對我的期望。(我)
- 我有機會在每天的工作中發揮長處。(我)
- 我知道我的優異工作表現將會獲得賞識。(我)
- 在我的工作中,我總是獲得挑戰持續成長。(我)
- 在我的團隊裡,大家和我具有相同的價值觀。(我們)
- 我支持我的隊友。(我們)

我們稱這第一種因素為「團隊敬業度」。另一種因素

由其餘兩個「我們」性質的題目構成：

- 我對我們公司的使命十分熱情。（我們）
- 我對公司前景充滿信心。（我們）

我們稱這第二種因素為「公司敬業度」。*

我們的第二項分析研究檢視的是，若個人在不只一個團隊裡工作的話，這兩種因素如何變化？或者，當員工從一團隊轉到另一團隊時，這兩種因素如何變化？我們發現，敬業度構成物的不同部分有不同源頭，特別是我們發現，當某人從一團隊轉到另一團隊時，公司敬業度變化得最少，「在我的團隊裡，大家和我具有相同的價值觀」和「我支持我的隊友」這兩道題目的評分變化最大。

把這項研究和先前的「最佳團隊研究」結合起來，我們對敬業度、團隊和團隊領導人這三者之間的關係獲得更佳洞見：

（1）效能最高的團隊，在所有八道題目的評分較高，有強烈證據顯示（包括我們的研究和其他人的研究），較高的敬業度促成較高效能。

（2）在這八道題目中，構成公司敬業度因素的兩道題目的評分，最不受一員工隸屬哪支團隊的影響。

（3）在這八道題目中，「在我的團隊裡，大家和我具有相同的價值觀」和「我支持我的隊友」這兩道

---

* 第3章有相關討論。

題目的評分，最受到一員工隸屬哪支團隊的影響。

（4）在這八道題目中，「我」性質題目（期望、發揮長處、獲得賞識，以及成長挑戰）的評分，最受到個人和團隊領導人的關係的影響。

思考這些結果的方式之一是，想像一個團隊領導人有三項不同職責，第一項是確保團隊成員覺得和公司的目的及未來有關連，儘管這些可能不是由他／她直接定義的；第二項是確保團隊成員集體了解彼此、互相支持；第三項是確保團隊成員了解組織對他們個別的工作期望，以及他們現在與未來能夠如何發揮所長，感覺獲得賞識。

4. 敬業度降低，將導致自願離職。

員工自願離職通常在組織領導人的憂慮清單上名列前茅，因此在這項研究中，我們想探索一團隊成員的敬業度和他／她選擇離開思科的可能性之間的關聯性。更確切地說，我們想辨識出「敬業度把脈」的八道題目中，有哪些會影響一個團隊成員自願離職的決定。

我們使用一會計年度的自願離職員工資料和「敬業度把脈」調查結果，這樣會得出那些在同一會計年度完成「敬業度把脈」問卷調查且續留思科，或是自願離開思科的員工群。我們使用多種統計學方法，包括預測因子和結果變數之間的皮爾森相關係數（Pearson's correlation coefficient）分析、各種回歸模型，以及自助法（Bootstrap

Method），以確保我們的發現的穩定性。我們發現，在「敬業度把脈」的八道題目中，有四道是自願離職的顯著預測因子，依據它們的預測力由高至低排列如下：

- 我有機會在每天的工作中發揮長處。
- 在我的工作中，我總是獲得挑戰持續成長。
- 我對我們公司的使命十分熱情。
- 我對公司前景充滿信心。

相關發現確證，一團隊成員的敬業度，和後來決定離職的可能性有關連。它進一步顯示，人們對他們現在及未來的長處（前兩道題目），以及公司的使命與前景（後兩道題目）的感覺愈正面，他們繼續留在公司的可能性就愈高。這裡的微妙之處是，如前所述，對公司使命的熱情和對公司前景的信心這兩種感覺，仍然因團隊而異；換言之，我們對我們的公司的體驗，明顯受到我們對我們所屬團隊的體驗的影響。

這項研究的含義是，團隊領導人應該聚焦於幫助每個團隊成員發揮長處，這樣做最有助於降低團隊成員的離職可能性。

5. 參加公司活動有助於提高員工的目的感，並提升對公司前景的信心。

思科系統自2015年起，每個月舉行一次全員會議，由高階主管領導團隊主持會議，我們稱為「思科脈動」

（Cisco Beat），旨在使思科員工更加共同了解公司的目的，並且增強員工對思科前景的信心。

為了評估這樣的每月儀式是否收到意圖成效，我們調查下列兩者之間的關係：

- 一團隊成員參加「思科脈動」的次數；
- 在「敬業度把脈」中和公司敬業度因素有關的兩道題目中（公司的集體目的，以及對公司前景的信心），這個團隊成員的平均評分。

我們使用在三季期間曾經接受「敬業度把脈」問卷調查的52,819名團隊成員的資料，另外在那三季的期間，「思科脈動」總共舉行了八次，我們調查他們每個人在期間內參加過「思科脈動」的次數。我們對「參加」的定義是：親自到場參加這個全員會議；或是透過思科廣播技術，觀看會議直播；或是在會議舉行後的兩週內觀看錄影。

然後，我們把這52,819名團隊成員區分為多組：不曾參加過「思科脈動」者；參加過一到三次者；參加過四到六次者；參加過七或八次者。我們檢視每一組在「我對我們公司的使命十分熱情」和「我對公司前景充滿信心」這兩道題目的平均評分，如前所述，這兩道題目構成公司敬業度因素。

分析顯示，團隊成員參加「思科脈動」的次數愈多，在這兩道題目的評分就愈高。

- 在「我對我們公司的使命十分熱情」這道題目，不

曾參加過「思科脈動」者的平均評分為4.37分，參加過七或八次者的平均評分為4.48分。這個評分的提高，在統計上具有顯著性。

- 在「我對公司前景充滿信心」這道題目，不曾參加過「思科脈動」者的平均評分為4.25分，參加過七或八次者的平均評分為4.35分。這個評分的提高，在統計上具有顯著性。

也就是說，那些經常參加「思科脈動」會議的團隊成員，對公司的集體目的更加熱情，對公司的前景也更有信心。但我們還未探索過因果關係，了解究竟是在參加這些活動後，使得團隊成員的敬業度提高，還是那些敬業度較高的團隊成員，參加「思科脈動」的次數較多。

6. 高敬業度者，對工作的談論不一樣。

在我們的研究過程中，我們發現，把敬業度特別高的團隊成員和其他人區分開來、深入探索，很有幫助。我們把這群高敬業度者稱為「充分敬業者」，其餘人則稱為「非充分敬業者」，前述的研究已經讓我們對這兩組人的量性差異獲得很好的了解，但我們好奇充分敬業的團隊成員在談論工作時，是否和非充分敬業者有所不同。

我們使用開放式問卷調查，進行下列調查：

- 每一組的整體情感傾向如何？
- 每一組在談論工作時，談論些什麼主題？

• 這兩組人的情感傾向和談論的工作主題有差別嗎？

　　為此，我們使用思科系統自行研發的「真實狀況」
（Real Deal）問卷調查，從每一季接受「敬業度把脈」問
卷調查者中選取一個代表性樣本，讓這些人也填寫「真實
狀況」問卷調查的開放性題目。我們把在一季中既接受
「敬業度把脈」問卷調查，也接受「真實狀況」問卷調查
的人區分出來，總計有1,275名團隊成員做了這兩種問卷
調查。

　　我們使用自然語言處理技術，以及我們的分析方法，
調查「充分敬業者」和「非充分敬業者」這兩組的情感傾
向差異。我們使用每一組的「情感增進分數」（Emotional
Promoter Score，一種用-100分至100分來評量情感傾向的
指標，使用第三方演算系統來計算），以及從每一組的開
放式題目作答中挑選出來的特別明顯的文字，來辨識這兩
組人談論主題的差異性，並且把開放式題目的回答內容，
自動分類成不同主題，這讓我們得以看出每一組有多常談
論我們事先定義的特定主題。

　　這些資料集顯示這兩組人的明顯差異：

• 「充分敬業者」這一組的平均「情感增進分數」為
　26分，他們在開放式問題的回答內容，談的是關
　於團隊的卓越性，以及（或是）對未來懷抱的希
　望。下列這樣的回答可以代表這一組：「看到經理
　人願意在團隊裡採納新點子和新成員，以改進與達

成銷售目標，令人感到很欣慰，這是很有創造力、很有助益的工作方式。若團隊有生產力又快樂，顧客也會感覺到的。」

- 「非充分敬業者」這一組的平均「情感增進分數」為 -16 分，在描述他們在團隊中的工作體驗時，較為負面。這些團隊成員在開放式題目的回答內容，反映出對未來的不確定感，以及對內部科層體制有所不滿。下列這樣的回答可以代表這一組：「我認為，我們需要某種在公司外部舉辦的會議或活動，讓我們能夠幫助組織建立層級之間的信任感。許多組織層級仍有明顯的封閉式穀倉行徑，若能打破，將會很有幫助。」

未來，繼續探索使用自然語言處理技術處理過的開放式問卷調查題目的回答內容時，我們的下一個主要焦點會放在團隊成員用來描述職涯發展和職涯抱負的文字。

7. 某些形式的關注比其他形式的關注，更有助於提升敬業度。

除了了解職場上哪些東西和哪些其他東西的關連性（例如，員工參加公司活動的次數跟他們對公司前景的信心有關；或者，高敬業度跟問卷調查中開放式題目的特定回答內容有關），我們當然最想知道因果關係 —— 什麼導致什麼。這最後一點的結論摘要，就是這類研究的一例。

　　我們想了解，團隊領導人選擇和團隊成員進行商討的關注形式，是否會影響團隊成員的敬業度？我們能否看出，經常獲得團隊領導人關注的團隊成員，敬業度高於那些未經常獲得這種關注的團隊成員？團隊領導人和團隊成員間的當面討論，是最好的關注形式嗎？

　　為了回答前述這些問題，我們進行下列調查。

- 團隊成員多常獲得來自團隊領導人的關注 —— 領導人對他們提出的商討請求作出了回應？

- 是否有些關注方法（查看團隊成員在線上提出的工作討論請求，在線上作出回答，或進行當面討論），優於其他方法？

- 長期而言，怎樣的關注型態最為普遍（毫不關注、一點關注或經常關注？）

- 在不同的關注類型與頻率下，團隊成員的敬業度如何與時變化？

　　我們檢視 2018 年年初取得的資料，從中辨識出 6,726 名接受「敬業度把脈」問卷調查兩次以上的團隊成員，我們使用這些團隊成員在第一次及最後一次問卷調查中的回答資料，來判定他們在這兩個時間點分別是「充分敬業者」或「非充分敬業者」。這讓我們得以辨識出歷經一段時間後，敬業度提升的人（第一個時間點為「非充分敬業者」，第二個時間點為「充分敬業者」），敬業度降低的人（第一個時間點為「充分敬業者」，第二個時間點為

「非充分敬業者」），以及敬業度保持不變的人（兩個時間點皆為「充分敬業者」或「非充分敬業者」）。

接著，我們檢視工作討論行為和不同類型的關注：

- 針對團隊成員，我們檢視他們是否請求關注（在這段期間內，在線上至少提出一次商討申請，或是不曾提出商討申請。）
- 針對團隊領導人，我們檢視他們對團隊成員的商討申請，作出的四種可能回應：查看團隊成員在線上提出的商討請求；在線上對商討請求作出回答；至少和團隊成員進行一次當面討論（團隊成員確認這點）；完全未關注，沒有作出前述三種回應中的任何一種。分析這些資料之後，我們把這些可能的回應區分為三類：毫不關注；任何形式的關注；包含當面討論的關注。

完成這些，我們現在可以檢視兩個時間點的敬業度變化，是否為每個團隊成員最常收到的關注形式的函數，亦即他們的敬業度是否受到團隊領導人給予的關注形式的影響。由於多數團隊成員每隔三個月接受一次「敬業度把脈」問卷調查，他們的敬業度變化反映團隊領導人在三個月期間作出的不同關注分量及關注形式的成效，結果如下。

- 那些不曾以提出商討申請形式請求關注的團隊成員當中，有13％的人從「充分敬業者」變成「非充分敬業者」，而且他們的敬業度絕對值最低。

- 那些一貫或近乎一貫到線上申請商討，但從未獲得團隊領導人任何關注的團隊成員當中，有2％的人從「充分敬業者」變成「非充分敬業者」。我們發現，當團隊領導人不作回應時，團隊成員申請商討的頻率就明顯降低；因此，我們推測假以時日，這群團隊成員將變成像上面那群人，完全不再提出商討申請，敬業度將會更大幅降低。

- 那些總是獲得團隊領導人某種形式關注的團隊成員當中，有2％的人從「非充分敬業者」變成「充分敬業者」。

- 那些總是獲得團隊領導人給予當面談論形式關注的團隊成員當中，有3％的人從「非充分敬業者」變成「充分敬業者」。

我們可以總結：有關注 —— 任何形式的關注 —— 勝過沒關注；經常關注勝過不常關注；團隊領導人採取的關注形式很重要。當團隊領導人給予團隊成員的關注形式中，包含至少一次的當面討論時，團隊成員的敬業度最高，團隊成員的敬業度歷時正向變化最大，而且不論團隊領導人的談話技巧或交談品質如何，都具有這種正面影響。

（本研究的貢獻者：John Lagonigro、Madison Beard、Mary Williams、Hanqi Zhu、Thomas Payne。）

謝辭

這八道敬業度題目內含了另一個我們還未探討的型態。

前兩道題目：1.）我對我們公司的使命十分熱情；2.）在工作上，我清楚了解組織對我的期望，呈現了我們集體和個人對公司的「目的」的感覺。

接下來兩道題目：3.）在我的團隊裡，大家和我具有相同的價值觀；4.）我有機會在每天的工作中發揮長處），描繪了我們周遭的人如何幫助我們集體和個人做到「卓越」。

接下來的兩道題目：5.）我支持我的隊友；6.）我知道我的優異工作表現將會獲得賞識，跟「支持」有關，亦即我們如何從團隊和周遭的人身上獲得支持。

最後兩道題目：7.）我對公司前景充滿信心；8.）在我的工作中，我總是獲得挑戰持續成長，描繪周遭的人如

何幫助我們看出我們集體和個人的「前景」。

我們認為，我們必須感謝所有在這些範疇中（目的、卓越、支持、前景），幫助我們撰寫這本書的人，他們每一個人的貢獻，都幫助我們兩人變成更堅強的團隊。

感謝我們的編輯Jeff Kehoe幫助我們更清楚我們撰寫這本書的目的；感謝Adi Ignatius鎮定、具說服力的支持；感謝Jennifer Rudolph Walsh，妳是舉世無雙的經紀人。感謝Myshel Romans、Tina Bennett、Fran Katsoudas和Tracy Hutton，謝謝你們花了無數個小時聆聽、提問與質疑，幫助我們改善想要傳達的訊息，擔任我們的真誠讀者。

感謝Adrienne Fretz、Yosi Kossowsky、Adam Grant、Alli Walton、Katie Flores，感謝你們督促我們把每一句、每一段、每一章都修改得更好，幫助我們了解如何做到卓越。感謝Jen Waring、Ania Wieckowski、Amy Bernstein，以及《哈佛商業評論》的整個編輯製作團隊，和我們分享對初稿的想法。感謝ADP研究機構的三位博士：Mary Hayes、Fran Chumney、Corinne Wright，以及思科系統的Roxanne Bisby Davis和分析研究團隊，謝謝你們共同致力於使用嚴謹的研究方法，得出資料導向的明確發現。感謝麗莎、安迪、麥爾斯，還有許多未能在此一一列名的人，感謝你們大方讓我們在本書分享你們的故事，闡釋真實世界中的卓越是什麼面貌與感覺。

從誕生寫作構想、提案、初稿到成書，這是一趟非

常令人滿足的旅程；在這段旅程中，我們獲得來自多方的支持和協助，在此感謝：思科系統、Chuck Robbins、Megan Barba、Gianpaolo Barozzi、Christine Bastian、Megan Bazan、Madison Beard、El Cavanagh-Lomas、Jen Dudeck、Shannon Fryhoff、Dan Gibbs、Leslie Gordon、Scott Herpolsheimer、Charlie Johnston、Jean Kerr、Robert Kovach、John Lagonigro、Alicia Lopez、Amy Manning、Elaine Mason、Dolores Nichols、Jason Phillips、Oliver Roll、Rachel Samitt、Shari Slate、Tschudy Smith、Gaby Thompson、Mary Williams、Tae Yoo。你們全都了解真實世界有多混雜，因為你們的努力，使得這個世界天天變得更好、更有人性。

在ADP研究機構方面，感謝Carlos Rodriguez、Don Weinstein、Dermot O'Brien、Sreeni Kutam、Joe Sullivan、Charlotte Saulny，以及整個StandOut團隊。感謝Meredith Bohling的碎碎念和建立社群，感謝Kevyn Horton製作網頁，感謝Darren Raymond的「潛力」，感謝Christian Gomez強而有力的說服。

在《哈佛商業評論》方面，感謝我們的書封設計師Stephani Finks，以及我們的行銷宣傳團隊：Julie Devoll和Erika Heilman。

最後，感謝我們的家人Chris、Jenny、Tina、William、Graeme、Jo、Jack、Lilia、Marshy、Fitz和Mojo，感謝你們

讓我們持續有信心敲鍵盤下去，挑戰我們全力以赴，督促我們寫出或許多少能夠有助於改善未來職場的東西。

　　本書提供的一個啟示是，沒有任何人完美歸屬於我們所能想到的任何範疇，同理也適用於我們在前述範疇中列出的所有人，你們在太多層面幫助我們了，我們由衷感激。

注釋

前言　打破謊言，面對眞實的工作世界

1. "23 Economic Experts Weigh In: Why Is Productivity Growth So Low?" Focus Economics, accessed November 10, 2018, https://www.focus-economics.com/blog/why-is-productivity-growth-so-low-23-economic-experts-weigh-in.

謊言＃1　人們在意他們爲哪家公司工作

1. 在此提供一例，近期的《哈佛商業評論》有篇文章指出：企業文化有八種風格（學習、目的、關懷、秩序、安全、權威、成果、樂趣）；每種風格都可以在整家公司明顯看出；公司可以結合其中的幾種風格，形成整體的企業文化；在遴選公司高階領導人時，一個重要部分就是評估他們的個性本質和期望的企業文化的相似程度。參見：Boris Groysberg et al., "The Leader's Guide to Corporate Culture," *Harvard Business Review*, January-February 2018。

2. Edmund Burke, *Reflections on the Revolution in France* (London:

James Dodsley, 1790).

3. Yuval Noah Harari, *Sapiens: A Brief History of Humankind* (London: Harvill Secker, 2014).

4. Yuval Noah Harari, *Homo Deus: A Brief History of Tomorrow* (London: Harvill Secker, 2016).

謊言 # 2　最佳計畫致勝

1. Stanley McChrystal et al., *Team of Teams: New Rules of Engagement for a Complex World* (New York: Penguin, 2015).

2. *The Battle of Britain, August-October 1940: An Air Ministry Record of the Great Days from 8th August-31st October, 1940* (London: H.M. Stationery Office, 1941).

3. 同注釋1，216。

4. 同上，217。

5. 思科系統的內部調查資料，於美國工業與組織心理學會（Society for Industrial and Organizational Psychology, SIOP）2017年的年會上提出。

謊言 # 3　第一流的公司把目標層層下達

1. Lisa D. Ordoñez et al., "Goals Gone Wild: The Systematic Side Effects of Overprescribing Goal Setting," *Academy of Management Perspectives* 23, no. 1 (2009): 6.

2. Teresa Amabile and Steven Kramer, *The Progress Principle: Using Small Wins to Ignite Joy, Engagement, and Creativity at Work* (Boston: Harvard Business Review Press, 2011).

3. Mark Zuckerberg, Facebook post, January 11, 2018, https://www. facebook.com/zuck/posts/10104413015393571.

4. Cammie McGovern, "Looking into the Future for a Child with

Autism," *New York Times*, August 31, 2017.

謊言 # 4　最優秀的人才是通才

1. Stephen Pile, *The Ultimate Book of Heroic Failures* (London: Faber and Faber, 2011), 115.

2. 引用自大衛・奧斯汀（David Austin）執導的紀錄片《喬治・麥可：自由》（*George Michael: Freedom*），2017年發行。

3. "IBM Kenexa Core (Foundational) Skills and Competencies: A Framework with Core Skills Required for General Job Roles," IBM Corporation, 2015.

4. See https://performancemanager4.successfactors.com/doc/roboHelp/12Getting_Familiar_With_PA_Forms/ph_wa_use.htm (retrieved 8/25/18).

5. 或可參考：neuroleadership.com/bob-kegan-feedback。

6. Walter Isaacson, *Steve Jobs* (New York: Simon & Schuster, 2011), 42.

7. 陶德・羅斯（Todd Rose）的精彩著作《終結平庸》（*The End of Average*）中，對這個故事有更詳盡的描述，感謝他同意我們在此摘述這個故事。

8. 確切地說，沒有證據顯示，一個群體的平均特徵，適用於這個群體的任何個人。

謊言 # 5　人們需要反饋

1. See https://www.youtube.com/watch?v=EqVyHMtSvFE.

2. Ray Dalio, *Principles* (New York: Simon & Schuster, 2017).

3. Adam Grant, "Billionaire Ray Dalio Had an Amazing Reaction to an Employee Calling Him Out on a Mistake," *Business Insider*, February 2, 2016.

4. Brian Brim and Jim Asplund, "Driving Engagement by Focusing on Strengths," *Gallup Business Journal*, November 12, 2009.

5. Joseph LeDoux, *Synaptic Self: How Our Brains Become Who We Are* (New York: Viking Adult, 2002).

6. Richard Boyatzis, "Neuroscience and Leadership: The Promise of Insights," *Ivey Business Journal*, January/February 2011.

7. 同上。

8. Rick Hanson, "Take in the Good," https://www.rickhanson.net/take-in-the-good/.

9. 根據最近一項研究，人們抗拒改進的做法，包括去找批評性較低的社群網絡，以免聽到負面反饋。參見：Scott Berinato, "Negative Feedback Rarely Leads to Improvement," *Harvard Business Review*, January-February 2018。

10. David Cooperrider and Associates, "What Is Appreciative Inquiry?" http://www.davidcooperrider.com/ai-process/.

11. John M. Gottman and Nan Silver, *The Seven Principles for Making Marriage Work: A Practical Guide from the Country's Foremost Relationship Expert* (New York: Crown Publishers, 1999); and Barbara L. Fredrickson, "The Broaden-and-Build Theory of Positive Emotions," *Philosophical Transactions of the Royal Society B: Biological Sciences* 359, no. 1449 (2004): 1367.

12. See https://www.chronicle.com/blogs/percolator/the-magic-ratio-thatwasnt/33279.

13. Barbara L. Fredrickson, "The Role of Positive Emotions in Positive Psychology: The Broaden-and-Build Theory of Positive Emotions," *The American Psychologist* 56, no. 3 (2001): 218.

謊言＃6　人們能夠可靠評量他人

1. Robert J. Wherry Sr. and C. J. Bartlett, "The Control of Bias in Ratings: A Theory of Rating," *Personnel Psychology* 35, no. 3 (1982): 521; Michael K. Mount et al., "Trait, Rater and Level Effects in 360-Degree Performance Ratings," *Personnel Psychology* 51, no. 3 (2006): 557; and Brian Hoffman et al., "Rater Source Effects Are Alive and Well after All," *Personnel Psychology* 63, no. 1 (2010): 119.

2. Steven E. Scullen, Michael K. Mount, and Maynard Goff, "Understanding the Latent Structure of Job Performance Ratings," *Journal of Applied Psychology* 85, no. 6 (2000): 956.

3. 更確切地說，這些研究人員在研判評分差異性中有多少成分，跟某人的個人表現有直接關連性時，他們發現，被評量者有16％存在那裡、84％不存在那裡，亦即評分差異性可直接歸因於被評量者的成分只有16％。

4. Hoffman et al., "Rater Source Effects Are Alive and Well after All."

5. 這項定義來自《金融時報》：http://lexicon.ft.com/Term?term=business-acumen (retrieved 2/17/18)。

6. James Surowiecki, *The Wisdom of Crowds* (New York: Anchor Books, 2005).

7. 參見：http://wisdomofcrowds.blogspot.com/2009/12/vox-populi-sir-francis-galton.html。

8. 你可以了解所謂的「驅動因子分析」（driver analysis），這個方法指的是設計問卷調查的研究人員，在問卷中包含關於某一主題（例如員工敬業度）的許多題目，然後在問卷的最後，加入一些總結性質的題目，例如：「我以任職這間公司為傲」，或「我打算一年後仍然留在這家公司。」然

後，研究人員進行「驅動因子分析」，檢視這份問卷中哪些題目的回答「驅動／影響」那些總結性質題目的回答，然後他們宣布特定項目是員工敬業度的驅動因子，因為對這些項目給予較高評分的人，也在總結性質題目中給予較高評分。表面上看來，這像是根據有效資料得出的結論，但其實並沒有太大的幫助。一次性的「驅動因子分析」，並不會告訴你真實世界驅動／影響特定行為的是什麼，它只不過顯示，在問卷的前面題目中，對特定題目給予較高評分的人，對後面其他題目也給予較高評分；在問卷的前面題目中快樂的人，在後面題目中也快樂。技術上而言，這是一個有效的結論，但這樣的結論沒什麼重要性。

9. 開爾文男爵〔Lord Kelvin，也就是威廉·湯姆森（William Thomson）〕是十九世紀傑出的英國科學家，他的重要成就之一是確定「絕對零度」，因此他對度量（和溫度計）有精闢的了解。他說過這麼一番話：「在物理學領域，學習任何東西的基本第一步，就是找到數值推算原則和實際測量與它相關的一些性質的方法。我常說，當你能夠測量你所說的東西，並且用數字來表達，就代表你確實擁有關於這樣東西的知識；但是，若你無法測量、無法用數字來表達，那就代表你對這樣東西的知識粗劣無力且不足。它或許是知識的開端，但你的思想幾乎還未推進到稱得上科學的階段，不論它可能是什麼。」Sir William Thomson, "Electrical Units of Measurement," a lecture delivered at the Institution of Civil Engineers on May 3, 1883, published in *Popular Lectures and Addresses*, vol. 1, *Constitution of Matter* (London: Macmillan and Co., 1889), 73.

10. 順帶一提，若我們想了解某人的同事覺得他／她的表現如何，也可以使用這種方法，設計更好的360度反饋工具。這

麼做時，必須確保設計的題目是：請每個同儕評量他／她本身的體驗感想和意圖行動。但我們也必須解決兩個資料充分性問題：第一，該由哪些同儕來評量你最為合適，以及需要讓多少人接受問卷調查；第二，我們如何確定他們對你的工作有足夠了解，可以提供好資料？這些都是必須解決的棘手問題。

謊言＃7　人們具有潛力

1. Douglas A. Ready, Jay A. Conger, and Linda A. Hill, "Are You a High Potential?" *Harvard Business Review*, June 2010.

2. 關於這方面的精彩探討，參見：Ken Richardson and Sarah H. Norgate, "Does IQ Really Predict Job Performance?" *Applied Developmental Science* 19, no. 3 (2015): 153。

3. See https://www.britannica.com/biography/Elon-Musk.

4. John Paul MacDuffie, "The Future of Electric Cars Is Brighter with Elon Musk in It," *New York Times*, October 1, 2018.

謊言＃8　工作與生活平衡最重要

1. Kristine D. Olson, "Physician Burnout—A Leading Indicator of Health System Performance?" *Mayo Clinic Proceedings* 92, no. 11 (2017): 1608.

謊言＃9　領導力是一種東西

1. 我們並不是第一個提出這種論點的人，但是在我們之前提出此一論點的人，仍然繼續試圖辨識所有領導人應該具備或取得，方能吸引追隨者的一套特質，於是再度把我們帶回到「領導是一種東西」的概念。我們的探索則是帶往不同方向。

2. Donald E. Brown, *Human Universals* (New York: McGraw Hill, 1991).

3. Pierre Gurdjian, Thomas Halbeisen, and Kevin Lane, "Why Leadership-Development Programs Fail," *McKinsey Quarterly*, January 2014.

4. 這清單取材自：Claudio Fernández-Aráoz, Andrew Roscoe, and Kentaro Aramaki, "Turning Potential into Success: The Missing Link in Leadership Development," *Harvard Business Review*, November-December 2017, 88.

5. Joseph Rosenbloom, "Martin Luther King's Last 31 Hours: The Story of His Final Prophetic Speech," *The Guardian*, April 4, 2018.

你知道你很棒，我們也是。
聰明如你，豈能輕易被謊言擺布？

Star 星出版 財經商管 Biz 004

關於工作的 9 大謊言

Nine Lies About Work

A Freethinking Leader's Guide
to the Real World

國家圖書館出版品預行編目（CIP）資料

關於工作的 9 大謊言／馬克斯‧巴金漢（Marcus Buckingham）、
艾希利‧古德（Ashley Goodall）著；李芳齡譯.
第一版 . -- 新北市：星出版：遠足文化發行 , 2019.09
336 面；14.8x21 公分 . --（財經商管；Biz 004）.
譯自：Nine Lies About Work: A Freethinking Leader's Guide to the
Real World

　ISBN 978-986-97445-6-0(平裝)

1. 企業管理 2. 工作效率

494.01   108014056

Nine Lies About Work: A Freethinking Leader's Guide to the Real
World by Marcus Buckingham & Ashley Goodall
Copyright © 2019 One Thing Productions, Inc. and Ashley Goodall
Complex Chinese Translation Copyright © 2019 by Star Publishing,
an imprint of Ecus Cultural Enterprise Ltd.
Published by arrangement with William Morris Endeavor Entertainment,
LLC. through Andrew Nurnberg Associates International Limited.
All Rights Reserved.

作者 —— 馬克斯‧巴金漢 Marcus Buckingham
　　　　艾希利‧古德 Ashley Goodall
譯者 —— 李芳齡

總編輯 —— 邱慧菁
特約編輯 —— 吳依亭
校對 —— 李蓓蓓
封面設計 —— Stephani Finks
封面完稿 —— 江儀玲
內頁排版 —— 立全電腦印前排版有限公司

讀書共和國出版集團社長 —— 郭重興
發行人兼出版總監 —— 曾大福
出版 —— 星出版／遠足文化事業股份有限公司
發行 —— 遠足文化事業股份有限公司
　　　　231 新北市新店區民權路 108 之 4 號 8 樓
　　　　電話：886-2-2218-1417
　　　　傳真：886-2-8667-1065
　　　　email: service@bookrep.com.tw
　　　　郵撥帳號：19504465 遠足文化事業股份有限公司
　　　　客服專線 0800221029
法律顧問 —— 華洋國際專利商標事務所 蘇文生律師
製版廠 —— 中原造像股份有限公司
印刷廠 —— 中原造像股份有限公司
裝訂廠 —— 中原造像股份有限公司
登記證 —— 局版台業字第 2517 號

出版日期 —— 2021 年 03 月 18 日第一版第四次印行
定價 —— 新台幣 420 元
書號 —— 2BBZ0004
ISBN —— 978-986-97445-6-0

星出版讀者服務信箱— starpublishing@bookrep.com.tw
讀書共和國網路書店— www.bookrep.com.tw
讀書共和國客服信箱— service@bookrep.com.tw
歡迎團體訂購，另有優惠，請洽業務部：886-2-22181417 ext. 1132 或 1520

新觀點
新思維
新眼界

Star
星出版